Gläser und Werkzeugwerkstoffe zum Präzisionsblankpressen

Von der Fakultät für Maschinenwesen
der Rheinisch-Westfälischen Technischen Hochschule Aachen
zur Erlangung des akademischen Grades einer
Doktorin der Ingenieurwissenschaften
genehmigte Dissertation

vorgelegt von

Hüsniye Dörner

Berichter:

Univ.-Prof. Dr.-Ing. Dr.-Ing. E.h. Dr. h.c. Dr. h.c. Fritz Klocke
Univ.-Prof. Dr. rer. nat. Helmut Schubert

Tag der mündlichen Prüfung: 13. Dezember 2010

ERGEBNISSE AUS DER PRODUKTIONSTECHNIK

Hüsniye Dörner

Gläser und Werkzeugwerkstoffe zum Präzisionsblankpressen

Herausgeber:
Prof. Dr.-Ing. Dr.-Ing. E.h. Dr. h.c. Dr. h.c. F. Klocke
Prof. Dr.-Ing. Dipl.-Wirt.Ing. G. Schuh
Prof. Dr.-Ing. C. Brecher
Prof. Dr.-Ing. R. H. Schmitt

Band 3/2011

WZL RWTHAACHEN

Fraunhofer IPT

Bibliografische Information der Deutschen Nationalbibliothek
Die Deutsche Nationalbibliothek verzeichnet diese Publikation in der Deutschen Nationalbibliografie; detaillierte bibliografische Daten sind im Internet über http://dnb.ddb.de abrufbar.

Hüsniye Dörner:

Gläser und Werkzeugwerkstoffe zum Präzisionsblankpressen

1. Auflage, 2011

Gedruckt auf holz- und säurefreiem Papier, 100% chlorfrei gebleicht.

Apprimus Verlag, Aachen, 2011
Wissenschaftsverlag des Instituts für Industriekommunikation und Fachmedien an der RWTH Aachen
Steinbachstr. 25, 52074 Aachen
Internet: www.apprimus-verlag.de, E-Mail: info@apprimus-verlag.de

Printed in Germany

ISBN 978-3-86359-013-0

D 82 (Diss. RWTH Aachen University, 2010)

Vorwort

Die vorliegende Arbeit entstand während meiner Tätigkeit als wissenschaftliche Mitarbeiterin am Fraunhofer-Institut für Produktionstechnologie IPT in Aachen. Sie wurde durch die Deutsche Forschungsgemeinschaft im Rahmen des transregionalen Sonderforschungsbereichs „Prozessketten zur Replikation komplexer Optikkomponenten" gefördert. Ich bedanke mich bei dem Sprecher des Sonderforschungsbereichs, Herrn Prof. Dr.-Ing. Ekkard Brinksmeier und bei allen Mitarbeitern für die gute Zusammenarbeit sowie die anregenden Diskussionen.

Mein besonderer Dank gebührt Herrn Prof. Dr.-Ing. Dr.-Ing. E.h. Dr. h.c. Fritz Klocke, Leiter der Abteilung Prozesstechnologie am Fraunhofer IPT und Inhaber des Lehrstuhls für Technologie der Fertigungsverfahren am Laboratorium für Werkzeugmaschine und Betriebslehre an der RWTH Aachen, für die Förderung meiner Arbeit sowie für das mir entgegengebrachte Vertrauen.

Für seine Mitbetreuung meiner Arbeit und seine Tätigkeit als Berichter bin ich Prof. Dr. rer. nat. Helmut Schubert, Prodekan und Beauftragter für Lehre und Studium der Fakultät der Prozesswissenschaften und Leiter des Fachgebiets Keramische Werkstoffe am Institut für Werkstoffwissenschaften und -technologien der TU Berlin, sehr dankbar.

Ich bedanke mich bei Dr.-Ing. Olaf Dambon und Daniel Hollstegge für die eingehende fachliche Durchsicht des Manuskripts. Für die grammatikalische und stilistische Durchsicht des Manuskripts bedanke ich mich bei Karl-Heinz Dörner, Daniel Hollstegge und Kirsten Kröning M.A. (Germanistik).

Des Weiteren gilt mein Dank den Mitarbeitern und Arbeitskollegen vom Fraunhofer IPT für Ihre Unterstützung in allen Phasen meiner wissenschaftlichen Tätigkeit. Besonders hervorheben möchte ich Guido Pongs für seine Hilfestellung im Bereich des Präzisionsblankpressens und für die schöne gemeinsame Bürozeit. Udo Schneider bin ich dankbar für die fachliche Beratung hinsichtlich chemischer Fragestellungen. Außerdem gilt mein Dank Martina Göbbels, Peter Voncken, Achim Fourné, Rene Kaulhausen und Berthold Fassbender für ihre tatkräftige Unterstützung.

Karl-Heinz Dörner, meinem Schwiegervater, bin ich sehr dankbar für die Zeit, die er für die Durchsicht meiner Arbeit genommen hat. Außerdem hatten er und meine Schwiegermutter, Marita Dörner, immer ein offenes Ohr für mich. Meine Eltern, Emine und Ferhat Sarikaya, unterstützen all meine Entscheidungen und standen mir bei der Verwirklichung meiner Ziele bei. Dafür bin ich ihnen sehr dankbar.

Besonders herzlich bedanke ich mich bei meinem Mann Dirk Dörner. Er hat mich in schwierigen Zeiten immer wieder aufgebaut und mir die Kraft gegeben, meinen Weg zu gehen. Die Arbeit widme ich ihm.

Inhaltsverzeichnis

Table of contents

1 Einleitung und Motivation **1**

2 Stand der Erkenntnisse **5**

2.1 Anwendungen komplex geformter Glaslinsen 5

2.2 Anforderungen an komplex geformte Glaslinsen 7

2.3 Herstellungsverfahren komplex geformter Glaslinsen 7

2.3.1 Konventionelle Herstellungsverfahren 8

2.3.2 Blankpressen 9

2.3.3 Präzisionsblankpressen 10

2.4 Formwerkzeuge für das Präzisionsblankpressen 13

2.4.1 Werkstoffe für die Formeinsätze 14

2.4.2 Formeinsatzbeschichtung 19

2.5 Optische Gläser 20

2.5.1 Definition und Struktur der Gläser 20

2.5.2 Eigenschaften der optischen Gläser 23

2.5.3 Optische Glassorten und ihre kommerziellen Lieferformen 24

2.6 Fazit 27

3 Aufgabenstellung und Zielsetzung **29**

4 Relevante Werkstoffeigenschaften und ihre Einflüsse auf das Präzisionsblankpressen **33**

4.1 Einfluss der relevanten Glaseigenschaften auf das Umformverhalten 33

4.2 Für den Verschleiß relevante Eigenschaften der Formeinsatzwerkstoffe und ihre Folgen auf den Verschleiß 36

5 Untersuchungen zum Umformverhalten der optischen Gläser **41**

5.1 Umformgrad in Abhängigkeit von der Glaszusammensetzung und den Glaseigenschaften 41

5.1.1 Ausgewählte Glassorten und Bestimmung ihrer Zusammensetzung 42

5.1.2 Durchführung der Stauchversuche 43

5.1.3 Umformgrad in Abhängigkeit von den Glasbestandteilen, eingeteilt nach dem Dietzels Modell 45

5.1.4 Umformgrad in Abhängigkeit von den Glasbestandteilen, eingeteilt nach der stöchiometrischen Wertigkeit 49

5.1.5 Charakterisierung der Strukturänderung der Gläser mit Raman-Spektroskopie 51

5.1.6 Zusammenhänge zwischen Umformgrad und Glaseigenschaften 55

5.2 Formfüllung in Abhängigkeit von der Glaszusammensetzung und den Glaseigenschaften 57

5.2.1 Formfüllung in Abhängigkeit von der Glaszusammensetzung 58

5.2.2 Korrelationen von Formfüllung und Glaseigenschaften 59

5.3 Untersuchungen zur Abformgenauigkeit 59

5.3.1 Festlegung der Kriterien zur Ermittlung der Abformgenauigkeit 60

5.3.2 Abformgenauigkeit in Abhängigkeit von der Glassorte 62

5.4 Fazit zum Umformverhalten der optischen Gläser 66

6 Untersuchungen zum Formeinsatzverschleiß 69

6.1 Beschreibung des Formeinsatzverschleißes anhand der Analogieversuche 69

6.1.1 Adhäsionsneigung der optischen Gläser zum Formeinsatz 70

6.1.2 Diffusion in die Formeinsatz-Glas-Grenzfläche 76

6.1.3 Beitrag der Analogieversuche zur Klärung des Formeinsatzverschleißes 85

6.2 Einfluss der Glaszusammensetzung auf den Formeinsatzverschleiß 88

6.3 Fazit zum Formeinsatzverschleiß 90

7 Zusammenfassung und Ausblick 91

8 Literaturverzeichnis 95

9 Anhang 103

Formelzeichen und Abkürzungen

Symbols and abbreviations

Große Buchstaben

A		Konstante der Vogel-Fulcher-Tamman-Gleichung
A_F	[%]	Abformgenauigkeit in Prozent
A_G	[mm²]	Abgeformte Strukturfläche im Glas
A_S	[mm²]	Fläche der Struktur im Formeinsatz
B		Konstante der Vogel-Fulcher-Tamman-Gleichung
C_p	[J]	isobare spezifische Wärme
E	[N/mm²]	E-Modul
E_η	[J/mol]	Aktivierungsenergie
F		Dietzelischen Feldstärke
F_N	[N]	Normalkraft
K		Boltzmann-Konstante
K_{Ic}	[MPa·m^1/2]	Bruchzähigkeit
R	[J/mol·K]	allgemeine Gaskonstante
T	[°C]	Temperatur
T_0	[°C]	Ausgangstemperatur
T_g	[°C]	Transformationstemperatur
T_s	[°C]	Schmelztemperatur
V	[mm³]	Volumen
W_{Ad}	[J]	Adhäsionsenergie
W_{LV}	[J]	Grenzflächenenergie
Z_C		Valenz des Kations

Kleine Buchstaben

a	[nm]	Kation – Sauerstoff – Abstand
d_k	[µm]	Korndurchmesser
h_S	[mm]	Segmenthöhe
h	[J·s]	Plancksches Wirkungsquantum
n_C		Brechzahl bei λ = 656,28 nm
n_C'		Brechzahl bei λ = 645,85 nm
n_d		Brechzahl im mittleren Bereich des sichtbaren Spektrums
n_e		Brechzahl bei λ = 546,07 nm
n_F		Brechzahl bei λ = 486,13 nm
$n_{F'}$		Brechzahl bei λ = 479,99 nm
s	[mm]	Kreissehne

Griechische Buchstaben

α	[°]	Mittelpunktswinkel
κ	[MPa]	Kompressionsmodul
μ		Poissonzahl
η	[dPa·s]	Viskosität
ρ	[kg/m³]	Dichte
λ	[nm]	Lichtwellenlänge
λ	[W/m·K]	Wärmeleitfähigkeit
ν_0		elastisch gestreute Strahlung bei Rayleigh-Streuung
ν_0-ν_1		Stokes-Streuung
$\nu_0+\nu_1$		anti-Stokes-Streuung
ν_d		Abbesche Zahl (sog. „Abbezahl") bezogen auf H-Linie

Θ	[°]	Kontaktwinkel
φ		Umformgrad
τ_i		Reintransmissionsgrad
γ	[N/m]	Grenzflächenspannung

Chemische Stoffe

Ar	Argon
Al_2O_3	Aluminiumoxid
As_2O_3	Arsen(III)-oxid
B_2O_3	Bor(III)-oxid
BaO	Bariumoxid
BN	Bornitrid
C	Kohlenstoff
CaO	Calciumoxid
Cd	Cadmium
Co	Kobalt
Cr	Chrom
CrN	Chromnitrid
F_2	Eisen
GC	Glaskohlenstoff
GeO_2	Germaniumoxid
H	Wasserstoff
H_2WO_4	Wolframsäure
He	Helium
Hg	Quecksilber
K_2O	Kaliumoxid
La	Lanthan
La_2O_3	Lanthan(III)-oxid
Li_2O	Lithiumoxid
MgO	Magnesiumoxid
Mo	Molybdän
N_2	Stickstoff
Na	Natrium
Na_2O	Natriumoxid
Nb	Niob
NbN	Niobnitrid
Ni	Nickel
NiP	Nickel-Phosphor
NiW	Nickel-Wolfram
O_2	Sauerstoff
P_2O_5	Phosphor(V)-oxid
Pb_2O_5	Blei(II)-oxid
PbO	Bleioxid
Pt-Ir	Platin-Iridium
R_2O-B_2O_3	Erdalkalioxid-Boroxid
Sb_2O_3	Antimonoxid
Si	Silizium
Si_3N_4	Siliziumnitrid
SiC	Siliziumkarbid
SiO	Siliciummonoxid
SiO_2	Siliziumoxid
SrO	Strontiumoxid
Ta	Tantal
Th	Thorium

TiAlN	Titan-Aluminimnitrid
TiN	Titan-Nitrid
TiNi	Titan-Nickel
TiO_2	Titan(IV)-oxid
V	Vanadium
W	Wolfram
WC	Wolframkarbid
WC-Co	Wolframkarbid-Kobalt
WO_3	Wolframoxid
Y_2O_3	Yttriumoxid
ZnO	Zink-Oxid
Zr	Zirkonium
ZrN	Zirkonnitrid

Abkürzungen

AR	Alkali-Resistenz
BF	Best-Fit
BaF	Barit-Flint
BaK	Barit-Kron
BaLF	Barit-Leichtflint
BaSF	Barit-Schwerflint
BK	Bor-Kron
CCD	Charge-Coupled Device
CR	Klimaresistenz
DLC	Diamond-Like Carbon
EDX	Energiedispersive Röntgenspektroskopie
FAC	Fast-Axis-Kollimation
FEM	Finite Elemente Methode
FK	Fluor-Kron
FPSK	Fluorphosphat-Schwerkron
FR	Fleckenresistenz
HIP	heißisostatisch Pressen bzw. heißisostatisch gepresst
HP	Heißpressen bzw. heißgepresst
HK	Knoop-Härte
HV	Härte nach Vickers
IR	Infrarot (Wellenlängen von 780 nm bis 1 mm)
KF	Kron-Flint
KzF	Kurzflint
LaF	Lanthan-Flint
LaK	Lanthan-Kron
LaSK	Lanthan-Schwerkron
LF	Leichtflint
LLF	Doppelleichtflint
Low-T_g-Gläser	Gläser mit niedriger Transformationstemperatur
NC	Numeric controlled
PK	Phosphat-Kron
ppm	parts per million
ppt	parts per trillion
PSK	Phosphat-Schwerkron
PVD-Verfahren	Physikalische Gasphasenabscheidung (physical vapour deposition)
Quant Map	Quantitatives Elementbild
R.T.	Raumtemperatur
RB	reaktionsgesintert

RBSN	reaktionsgesintertes Siliziumnitrid
REM	Rasterelektronenmikroskop
SAC	Slow-Axis-Kollimation
SF	Schwerflint
SK	Schwerkron
SR	Resistenz gegen Salpetersäure
SSK	Schwerstkron
SSN	gesintertes Siliziumnitrid
TEM	Transmissionselektronenmikroskop
TiF	Tiefflint
UP-Schleifen	Ultra-Präzisions-Schleifen
UV	Ultraviolett (Wellenlängen von 1 nm bis 380 nm)
VFT	Vogel-Fulcher-Tamman
XAS	Röntgen-Absorptionsspektroskopie

1 Einleitung und Motivation

Die optischen Technologien werden als „die Gesamtheit physikalischer, chemischer und biologischer Naturgesetze und Technologien zur Erzeugung, Verstärkung, Formung, Übertragung, Messung und Nutzbarmachung von Licht" definiert. Mit ihrem durchschnittlichen Jahreswachstum von 7,6% liegen sie deutlich über dem Weltwirtschaftswachstum. Den Technologien aus Deutschland wird bis zum Jahr 2015 sogar eine jährliche Zuwachsrate von 8,5% vorhergesagt, womit sie zu den Wachstumstechnologien gezählt werden können [DEUT07, DEUT02, DEUT00].

Wesentliche Bestandteile von optischen Systemen sind Optikkomponenten. Sie finden in der Kommunikationstechnik bis hin zur Medizintechnik Anwendung. Die prozentuelle Verteilung dieser Komponenten auf verschiedene Anwendungsgebiete für das Jahr 2005 ist in Bild 1.1 zu sehen. Danach wurden alleine 51% in Flachdisplays und in der Informationstechnik eingesetzt [DEUT07].

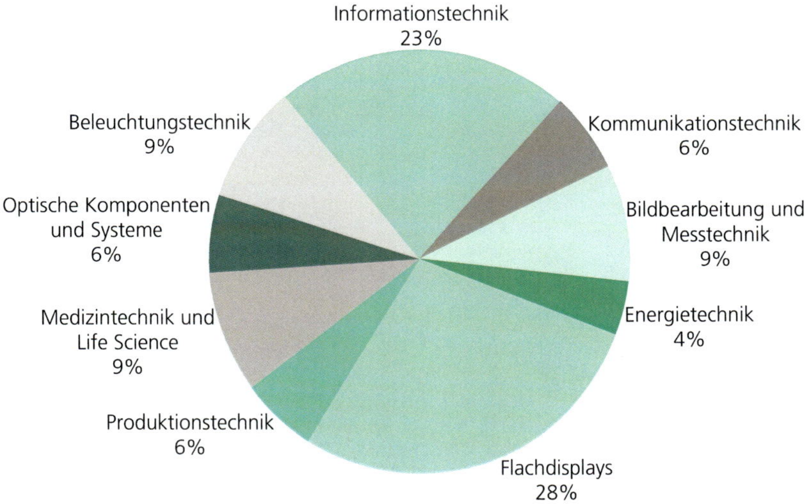

Bild 1.1: Anwendungsgebiete von Optikkomponenten im Jahr 2005 [DEUT07]

Linsen aus anorganischem Glas sind Optikkomponenten mit vielerlei Anwendungen. Diese Glaslinsen verfügen über eine hohe Temperatur- und Korrosionsbeständigkeit. Verglichen mit Kunststofflinsen haben sie allerdings den Nachteil, dass ihre Herstellungskosten hoch sind. Diese Kosten resultieren vor allem aus den an sie gestellten Anforderungen wie z. B. hohe geometrische Komplexität und hohe Formgenauigkeit. Hinsichtlich dieser Anforderungen stoßen die herkömmlichen Herstellungsverfahren, das Schleifen und Polieren, an ihre Grenzen. Als Alternative für die Herstellung von Glasoptiken existiert ein neuartiges Verfahren, das Präzisionsblankpressen.

Die technologische Entwicklung des Präzisionsblankpressens kann auf die in den frühen 70er Jahren von der Eastman Kodak Co. veröffentlichten Patente zurückgeführt werden [ANGL74a, ANGL74b]. Die ersten Kameras von Eastman Kodak Co. mit gepressten asphärischen Linsen kamen 1982 auf den Markt. Ab den 80er Jahren treiben weitere Unternehmen aus den Bereichen Glas und Optikherstellung sowie Maschinenbau die Entwicklung voran.

Obwohl bei der Geometriekomplexität und der Formgenauigkeit der hergestellten Linsen das Präzisionsblankpressen das derzeit optimale Verfahren darstellt, hat es sich bei der Optikherstellung nur bedingt etabliert. Dies liegt daran, dass die Wirtschaftlichkeit des Verfahrens von einigen Einschränkungen beeinträchtigt wird. Eine Einschränkung ist die Auswahl der zu pressenden Glassorte. Die Gläser werden bisher anhand ihrer optischen Eigenschaften ausgesucht. Die Prozessparameter müssen dann an die ausgewählte Glassorte angepasst werden, damit Linsen mit den gewünschten Abmessungen gepresst werden können. Für diese Anpassung sind allerdings mehrere Pressprozesse und ggf. eine Überarbeitung des Formeinsatzes erforderlich. Dies führt zu einem erheblichen Zeit- und Kostenaufwand. Eine Möglichkeit, den hohen Aufwand bei der Glasauswahl zu umgehen, ist eine Vorauswahl der Glassorte anhand ihres Umformverhaltens. Dies ist aber derzeit nicht möglich, da keine Informationen über das Umformverhalten der optischen Gläser oberhalb der entscheidenden Transformationstemperatur, bzw. bei ihrer Presstemperatur vorhanden sind.

Eine weitere Einschränkung stellt der unerwünschte Formeinsatzverschleiß dar. Die Formeinsatzwerkstoffe und -beschichtungen wurden bisher nach wissenschaftlichen Überlegungen sowie vorhandenen Erfahrungen ausgesucht. Obwohl sie üblicherweise eine hohe Verschleißfestigkeit besitzen, treten in Abhängigkeit von der Glassorte und dem Pressprozess verschleißbedingte Defekte auf. Diese Defekte können Kratzer oder eine Zunahme der Oberflächenrauheit sein. Selbst bei geringsten Verschleißerscheinungen an den Formeinsätzen ist deren Einsatz ohne Nacharbeit nicht mehr möglich, da die Defekte in die Linsenoberfläche übertragen werden. Kleinere Defekte können durch Polieren beseitigt werden. Wenn dies nicht möglich ist, wird die Oberfläche erst geschliffen und dann poliert. Bei großen Defekten muss der Formeinsatz komplett ersetzt werden. Ähnlich wie die Auslegung der Prozessparameter für jede neue Glassorte ist auch das Überarbeiten oder das Ersetzen der verschlissenen Formeinsätze zeit- und kostenaufwendig. Insofern müssten von vornherein Formeinsätze mit hoher Standzeit ausgewählt werden. Das kann aber nicht realisiert werden, da die Ursachen und Mechanismen des Verschleißes nur unzureichend bekannt sind.

Zusammenfassend ist für die Wirtschaftlichkeit des Präzisionsblankpressens eine wissenschaftlich fundierte Vorauswahl der Glassorte und der Formeinsatzwerkstoffe erforderlich. Diese Vorauswahl kann derzeit nicht durchgeführt werden, weil die dafür erforderlichen Grundlagen fehlen. Ihre systematische Erarbeitung stellt die Zielsetzung der vorliegenden Arbeit dar. Um diese Zielsetzung zu erreichen, werden zum einen Versuche zur Beschreibung des Umformverhaltens der optischen Gläser durchgeführt. Zum anderen werden die Verschleißmechanismen des Formeinsatzes mittels Analogieversuchen und realen Pressversuchen untersucht. Anschließend werden aufbauend auf den erarbeiteten Erkenntnissen Rahmenbedingungen für die gezielte Werkstoffauswahl für das Präzisionsblankpressen abgeleitet.

1 Introduction and motivation

Optical technologies are defined as "the collectivity of physical, chemical as well as biological laws of nature and technologies for producing, strengthening, shaping, transmitting, measuring and utilizing of light". They are with their annual average economical growth of 7,6% clearly above the world economic growth. The technologies from Germany are actually forecasted up to 2015 at an annual growth of 8.5%, hence they can be counted as a growing technology [DEUT07, DEUT02, DEUT00].

Essential elements of optical systems are optic-components. They are used in many different areas, e.g. from communication technology to medical technology. The distribution of these components to different application areas in percentage is represented in Figure 1.1 for year 2005. According to this picture 51% are only used in flat plan displays and information technology [DEUT07].

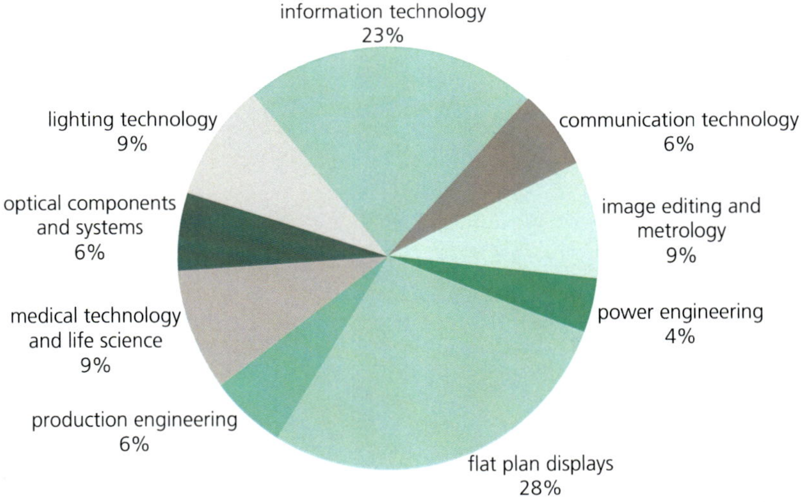

Figure 1.1: Application areas of optical components in 2005 [DEUT07]

Lenses made of inorganic glass are optic-components with varying applications. These glass lenses have high temperature and corrosion resistance. But in comparison to plastic lenses they have the disadvantage, that their production costs are high. These costs result primarily from the requirements of the lenses, such as high geometrical complexity and high form accuracy. Regarding these requirements the conventional manufacturing methods, grinding and polishing, have already reached their limits. As an alternative exists a novel method, precision glass molding, for the production of the glass lenses.

The technological development of presicion glass molding can be traced back to the patents which are published by Eastman Kodak Co. in the early 70's [ANGL74a, ANGL74b]. The first cameras of Eastman Kodak Co. with molded aspherical lenses came on to market in 1982. Further companies from areas of glass and optic manufacturing as well as mechanical engineering advanced the development of presicion molding after the 80's.

Even if the presicion glass molding is the optimal process regarding the geometrical complexity and form accuracy of produced lenses, it has only been provisorily established for optic manufacturing. This is caused by its restrictions, which influence its cost-effectiveness. One restriction is the choice of glass type for molding. The glasses are chosen according to their optical properties. The process parameters must then be adapted to the chosen glass type to produce lenses with desired dimensions. However many molding processes and if necessary re-finishing of the insert are required for the adaption of the process parameter to the chosen glass. This increases the production time and cost significant. One possibility to avoid the high cost during glass choice is preselection of the glass type on the basis of the glass molding behavior. But this is currently not possible. Because there is not existing any information about the molding behavior of optical glasses above the critical transformation temperature and their molding temperature respectively.

Another restriction is the unwanted insert wear. The insert materials and coatings are chosen on the basis of scientific consideration and available experiences. Although they have typically high wear resistance, worn and wear defects, like scratches or increasing surface roughness, appear on their surfaces. The amount of the molding processes, that can be carried out before the wear defects appear, depends on the glass type and the molding process. Even by minimal wear the insert can not be used without refinishing, since the defects are transmitted in the surface of molded lenses. Small-sized defects can be removed through polishing. If this isn't possible, the insert surface is first ground and then polished. The inserts with big-sized defects must be replaced. Similar to the adaption of process parameters to chosen glass type, refinishing or replacing of the worn insert results in increased production time and cost. Therefore insert materials with high life time must be chosen from the outset. But this is not possible, because reasons und mechanisms of insert wear are not understood enough.

In conclusion an evidence-based preselction of glasses and insert materials is necessary for the cost-effectiveness of presicion glass molding. This preselection can not be achieved at this time, since the required fundamentals are not as yet available. Their systematic development is the objective of this doctoral dissertation. To achieve this objective, on the one hand tests will be carried out for specification of the molding behavior of optical glasses. On the other hand insert wear mechanisms will be analyzed through experimental tests and real molding tests. Additionally general requirements of specific material choice for presicion glass molding will be deduced from developed knowledge.

2 Stand der Erkenntnisse
State-of-the-art

Komplex geformte Glaslinsen werden in diversen Wachstumstechnologien eingesetzt, wie z. B. der Lasertechnologie oder Medizintechnik. Da solche Technologien ihre Funktionen mit hoher Zuverlässigkeit leisten müssen, werden an ihre Maschinen und Systeme hohe Anforderungen gestellt. Das gilt besonders für die in den optischen Systemen eingesetzten Linsen. In den folgenden Abschnitten werden die Anwendungen und Anforderungen an Glaslinsen erläutert. Anschließend werden die Herstellungsverfahren der Linsen vorgestellt. Hierbei werden die konventionellen Verfahren sowie das Blankpressen und Präzisionsblankpressen beschrieben.

Das Präzisionsblankpressen ist ein neuartiges Umformverfahren zur Herstellung komplex geformter Optikkomponenten. In dieser Arbeit werden grundlegende Erkenntnisse zur Werkstoffauswahl für dieses Verfahren erarbeitet. Im Folgenden wird die Technologie des Präzisionsblankpressens ausführlich erläutert. Hierbei werden die Entwicklungen und Maschinen des Präzisionsblankpressens vorgestellt. Eine zentrale Aufgabe für das Umformen der Gläser mittels Präzisionsblankpressen haben die Formwerkzeuge der Pressmaschinen, insbesondere die Formeinsätze, mit denen die Gläser beim Pressen in direkten Kontakt kommen. Die Formeinsätze werden aus Werkstoffen mit speziellen Eigenschaften hergestellt. Außerdem werden sie, um eine hohe Standzeit zu erzielen, beschichtet. Auch die Formeinsatzwerkstoffe und Beschichtungen werden im folgenden Kapitel vorgestellt.

Außerdem ist zum Verständnis der vorliegenden Arbeit Wissen über optische Gläser selbst erforderlich. Hierbei werden die allgemeinen Definitionen der Gläser sowie deren Struktur vorgestellt. Abschließend werden die kommerziell erhältlichen Lieferformen erläutert.

2.1 Anwendungen komplex geformter Glaslinsen
Applications of complex shaped glass lenses

Ein optisches System kann aus einer Optikkomponente, z. B. einer einfachen Sammellinse, oder aus einer Vielzahl von verschiedenen Komponenten, z. B. einem Projektionssystem in der Lithographie, bestehen. Jede Optikkomponente in einem Optiksystem erfüllt dann eine definierte Funktion.

Optische Filter, die elektromagnetische Wellen nach ihrer Wellenlänge trennen, finden als Bandpass (Bandbreitenfilter) in der Telekommunikation Anwendung. Spiegel haben die Funktion, elektromagnetische Wellen zu reflektieren. Sie werden in Teleskopen oder Lasern eingesetzt. Linsen werden in optischen Systemen für die Abbildung und Strahlformung verbaut und finden unter anderem in Fotoobjektiven und Mikroskopen Anwendung (Bild 2.1). Im folgenden Abschnitt werden speziell die Anwendungen der Linsen beschrieben, die durch Pressen hergestellt werden [HERI01, JAHN01, SCHR07].

Ein Beispiel stellen die in Diodenlaser eingesetzten FAC- und SAC-Kollimationslinsen dar. Die FAC-Linsen haben asphärische Oberflächen und verfügen über eine hohe numerische Apertur. SAC-Linsen bestehen üblicherweise aus einem monolithischen Array aus Zylinderlinsen. Aufgrund ihres hohen Wirkungsgrads bei gleichzeitig kompakter Bauform sind Diodenlaser heute Basisbausteine von optischen Systemen geworden. Der hohe Wirkungsgrad resultiert aus der Kollimation der sogenannten Fast- und Slow-Axis des vom Diodenbarren produzierten Lichts durch die FAC- bzw. SAC-Linsen. Die kompakte Bauform wird durch die geringen Brennweiten der Linsen ermöglicht.

Komponente	Spiegel	Filter	Linse	
Funktion	Reflexion	Wellenlängen-trennung	Abbildung	Strahlformung
Wechselwirkung mit Strahlung	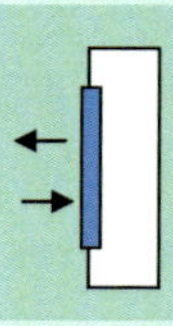	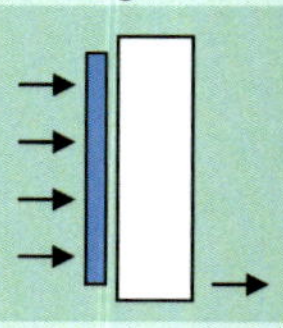	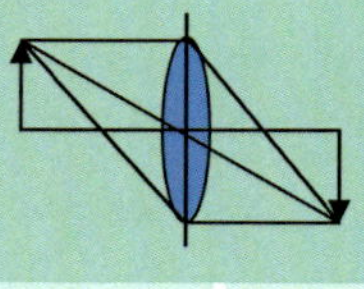	
Einsatzbeispiele	- Teleskop - Laser	- Bandpass für Tele-kommunikation - Schutzwirkung, z. B. Brille	- Brille - Fotoobjektiv - Projektorobjektiv - Mikroskop - CD, DVD Ausle-seoptik	- Beleuchtung - Scheinwerfer

Bild 2.1: **Funktion und Einsatz von optischen Komponenten [HERI01]**

Function and application of optical components [HERI01]

Asphärische Linsen werden außer in Diodenlasern auch in Objektiven für Kameras und Mikroskope verwendet. Die Randstrahlen und die nahe an der Achse liegenden Strahlen haben durch ihren Einsatz einen gemeinsamen Brennpunkt, da sie mehrere Krümmungsradien haben. Dies verringert die Abbildungsfehler und steigert die Qualität der aufgenommenen Bilder erheblich, bei gleichzeitig kleinerer Baugröße. Ein Beispiel sind Kameraobjektive mit asphärischen Linsen (Bild 2.2) [OLYM08].

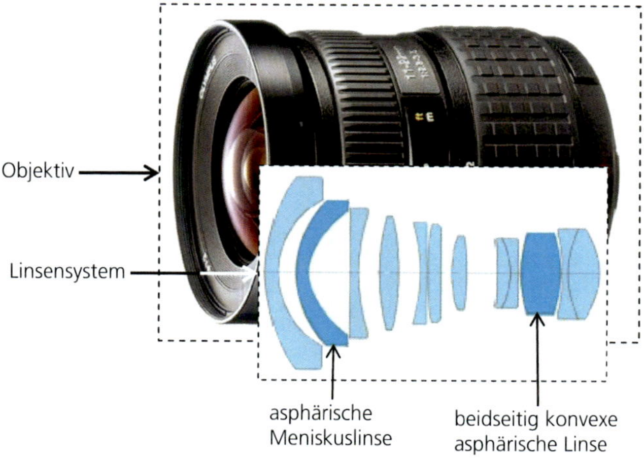

Bild 2.2: **Linsen-System eines Objektivs für Digitalkameras [OLYM08]**

Lens assembly of a digital camera lens [OLYM08]

Weitere Einsatzgebiete finden sich in der Automobilindustrie bei diversen Systemen zur Gefahrendetektion oder Sicherheitssteigerung. Außerdem werden in der Informationstechnik gepresste strukturierte Array-Linsen als Träger für Glasfasern eingesetzt.

2.2 Anforderungen an komplex geformte Glaslinsen

Requirements for complex shaped glass lenses

Die Anforderungen an Linsen orientieren sich an ihrem Aufgabenbereich. Mit zunehmender Leistungsforderung an die Systeme oder Geräte nehmen auch die Anforderungen an die eingesetzten Linsen zu. Die Anforderungen an die Linsen resultieren also direkt aus ihrer Anwendung und sind in erster Linie Ansprüche an ihre optischen Funktionalität, die Brennweite und die numerische Apertur sowie an ihre geometrischen Abmessungen.

Zu den Anforderungen bezüglich der geometrischen Abmessungen zählen je nach Linsenform der Durchmesser, die Höhe und Länge entsprechend der Fertigungszeichnung [LITF01]. Für ihre normgerechte Angabe ist die DIN ISO 10110 „Erstellen von Zeichnungen für optische Elemente und Systeme" einzuhalten [DIN00]. Durch die Beachtung der Regeln dieser Norm soll ein reibungsloser Ablauf zwischen Optikdesign, Formeinsatzherstellung und Pressen möglich werden. Außerdem werden anhand mehrerer Teile dieser Norm die relevanten Qualitätskriterien der gepressten Linsen definiert und vorgegeben. So wird die Spannungsdoppelbrechung der Linsen nach den Kriterien im zweiten Teil der Norm bewertet. Für die Beurteilung der Oberflächenfehler wie Kratzer, Löcher und Blasen wird der siebte Teil der Norm angewendet.

2.3 Herstellungsverfahren komplex geformter Glaslinsen

Manufacturing methods of complex shaped glass lenses

Neben der hohen geometrischen Komplexität und Formgenauigkeit fordern die Anwendungen der komplex geformten Glaslinsen minimale Volumen, um eine kompakte Bauweise der optischen Systeme zu ermöglichen. Diese Anforderungen schränken die geeigneten Herstellungsverfahren ein. Es können lediglich spezielle Verfahren der Ultrapräzisionstechnik eingesetzt werden. Diese Verfahren werden, wie in Bild 2.3 zu sehen, in konventionelle Verfahren und neuartige Verfahren eingeteilt [KATS07, KLOC04a].

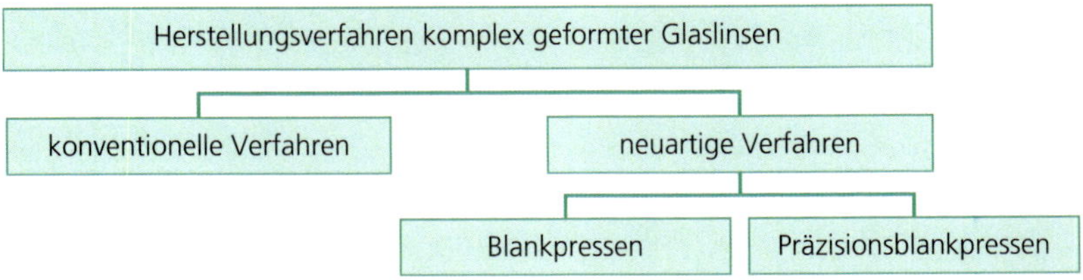

Bild 2.3: **Übersicht der Herstellungsverfahren für komplexe Optikkomponenten [KATS07, KLOC04a]**

Overview of manufacturing methods for complex shaped optical components [KATS07, KLOC04a]

Unter konventionellen Verfahren wird die Herstellung der Linsen durch Schleifen und Polieren verstanden. Bei den neuartigen Verfahren Blankpressen und Präzisionsblankpressen wird die optische Fläche durch Pressen und die daraus resultierende Umformung des Glases erzeugt. Die zuletzt genannten Verfahren unterscheiden sich durch unterschiedliche Prozessführungen, insbesondere bezüglich Zeit und Temperatur, und den erreichbaren Formgenauigkeiten [KLOC04].

2.3.1 Konventionelle Herstellungsverfahren

Conventional manufacturing methods

Der grobe Ablauf des konventionellen Herstellungsverfahrens ist in Bild 2.4 dargestellt. Als erstes wird der Glasbarren durch Sägen, Schneiden, Bröckeln und Rundieren so vorgearbeitet, dass ein Rohling entsteht, dessen Form so nah wie möglich an der Linsenform ist. Um die durch diese Arbeiten in das Glas aufgebrachten Spannungen abzubauen, werden die Gläser anschließend angelassen. Danach wird das Glas auf beiden Seiten in die gewünschte Form geschliffen. Das Schleifen von jeder Seite des Rohlings ist als ein separater Vorgang zu nennen, weil der Rohling zwischen diesen beiden Schleifvorgängen aus der Maschine ausgespannt und noch einmal für den nächsten Schleifvorgang wieder in die Maschine eingespannt werden muss [NAUM93].

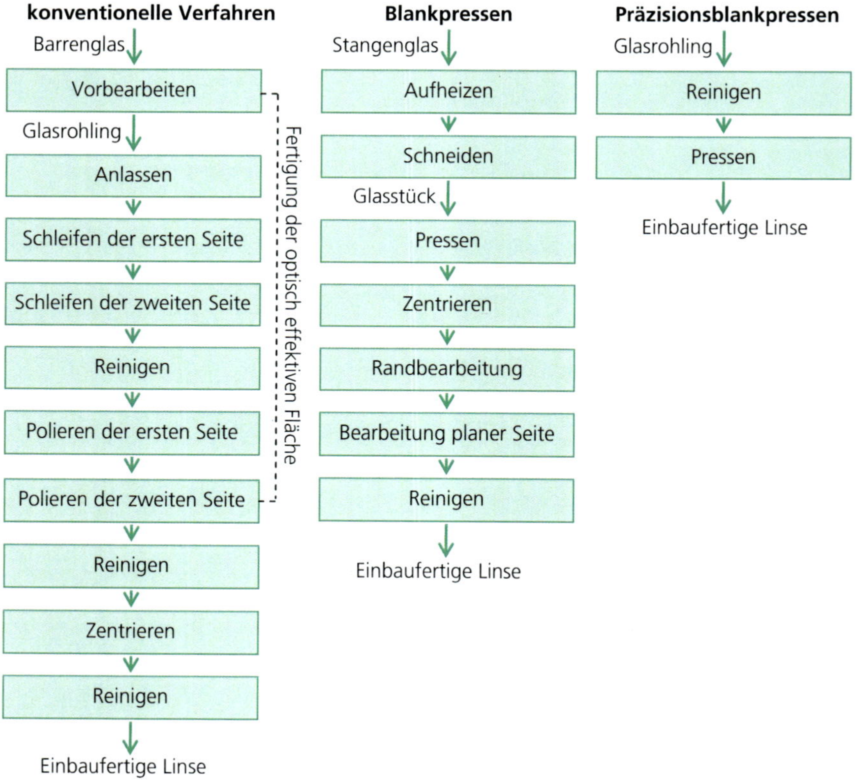

Bild 2.4 **Ablauf der Verfahren zur Herstellung komplexer Optikkomponenten**

Sequence of manufacturing methods for complex shaped optical components

Beim Schleifen wird eine Rautiefe Rz von 1 µm angestrebt, da ab dieser Rautiefe der Poliervorgang erst wirtschaftlich durchgeführt werden kann. Nach dem Schleifen wird der Rohling gereinigt und poliert. Nach dem Polieren hat die Linsenoberfläche eine optische Qualität. Damit die Linse in einem System mit den anderen Linsen einwandfrei zusammenwirken kann, muss die geometrische Achse der Linse mit der optischen Achse des Systems zusammenfallen. Dafür wird die Linse abschließend zentriert, indem ihr Rand zylindrisch abgeschliffen wird [NAUM93,

KATS05]. Der Ablauf des konventionellen Herstellungsverfahrens wurde über Jahrzehnte verbessert und optimiert, um bei gleicher oder sogar höherer Genauigkeit eine kostengünstigere Herstellung zu erreichen. Trotzdem sind Schleifen und Polieren immer noch zeitintensive und damit kostenintensive Fertigungsverfahren.

2.3.2 Blankpressen
Blank molding

Unter Blankpressen versteht man das Pressen von Glaslinsen mit mindestens einer einbaufertigen Wirkfläche, d.h. es ist kein Schleif- oder Polierprozess für diese Fläche notwendig [KLUG88]. Blankpressen eignet sich für die preisgünstige Herstellung von Glaslinsen mit geringen Qualitätsanforderungen.

Der Ablauf dieses Verfahrens ist in Bild 2.4 in der Mitte zu sehen. Zunächst wird das Ende einer feuerpolierten Glasstange im Ofen bis auf 1000 °C aufgeheizt, sodass das Glas eine Viskosität von etwa 10^4 dPa·s hat. Nach dem Aufheizen wird von der weichen Stange ein Stück abgeschnitten. Das abgeschnittene Glasstück wird in die vorgeheizte untere Pressform gebracht und durch das Schließen des Werkzeugs gepresst. Danach werden die Pressformen auseinander gefahren und die Linse entnommen. Die Abkühlung der Linsen ist also maschinenextern, wodurch eine hohe Taktzeit ermöglicht wird. Nach dem Abkühlen wird die Linse in einer Spannvorrichtung zentriert und das überflüssige Glas an ihrem Rand abgeschnitten. Anschließend wird die plane oder sphärische Rückseite der Linse wie bei den konventionellen Verfahren geschliffen und poliert, um beim Abschneiden des Glasstücks auftretende Oberflächendefekte zu beseitigen.

Derzeit sind Stangen zum Pressen aus den Glassorten B270, F2, DOCTAN® und Borosilikatglas kommerziell erhältlich [MÜHL07]. Die Pressformen werden aus Edelstahl oder aus sprödharten Werkstoffen wie Siliziumkarbid hergestellt [HER01, NAU93, RIE04]. Zur Steigerung ihrer Standzeit werden sie zusätzlich mit Schichtsystemen wie TiAlN/ZrN, TiAlN/CrN, CrN/NbN und TiN/CrN beschichtet [KLEE02, KLEE03, HOCK03].

Eine Herausforderung beim Blankpressen ist die Schwindung des Glases beim externen Abkühlen. Das Abkühlen erfolgt ohne Kraft und Temperaturregelung und ist unkontrolliert. Die Abmessungen, insbesondere der Durchmesser der Formeinsätze müssen an diese Schwindung angepasst werden, damit die gepressten Linsen die vorgegebene Sollform haben. In der Praxis ist diese Anpassung ein iterativer Prozess, d. h. auf Basis der Messungen an gepressten Linsen müssen die Formeinsätze mehrmals nachgearbeitet werden. Dieser aufwendige Iterationsprozess sowie die notwendigen Produktionsinvestitionen machen das Verfahren des Blankpressens erst bei großen Stückzahlen wirtschaftlich [HERI01]. Beispiele für blankgepresste Linsen sind asphärische Kondensorlinsen, die in Projektoren eingesetzt werden oder Freiformlinsen zur gezielten Strahlformung in Beleuchtungselementen.

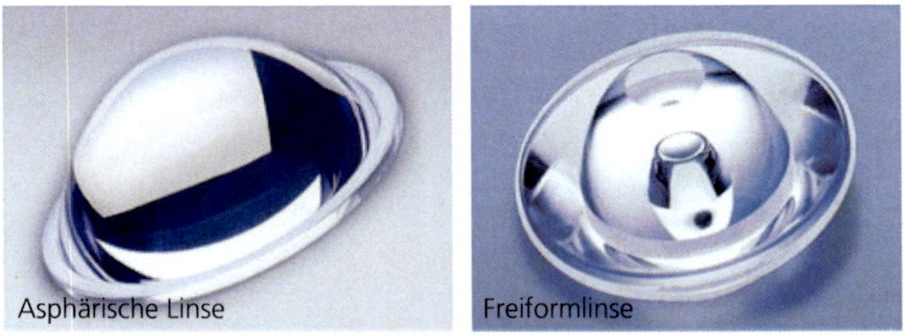

Bild 2.5: Beispiele für blankgepresste Linsen [DOCT08]

Examples for blank molded lenses [DOCT08]

2.3.3 Präzisionsblankpressen

Precision glass molding

Das Präzisionsblankpressen kann zu den Umformverfahren gezählt werden, da beim Pressen ein Fließen des Glases unter mechanischer Belastung stattfindet [NÖLL97]. Der endkonturnahe Glasrohling wird direkt in die gewünschte Kontur bzw. in die Sollform der Linse gepresst. Die ersten Informationen zum beidseitigen Pressen von Linsen bzw. zum Präzisionsblankpressen sind in den Patenten der Firma Eastman Kodak zu finden. In den Patenten von 1970 und 1974 wird über ein Herstellungsverfahren für Optiken, bei dem ein endformnaher Glasrohling in die Kavität eines Formeinsatzes aus Glaskohlenstoff platziert und gepresst wird, berichtet. Die Kavität des Formeinsatzes wird gemäß der erforderlichen Linsensollform aus dem Optikdesign bearbeitet, dabei weist ihre Oberfläche eine optische Qualität auf [ANGL74a, ANGL74b, BLAI79].

Bei der Herstellung von Linsen mittels Präzisionsblankpressen werden als erstes die Glasrohlinge und die Formwerkzeuge gereinigt, um Oberflächenfehler der Linse durch eventuelle Verschmutzung zu vermeiden. Anschließend wird der Glasrohling in der Glaspressmaschine zu seiner Endgeometrie umgeformt. Das Pressen verläuft in mehreren Prozessphasen. Zunächst wird zur Vermeidung der Oxidation auf den Formeinsätzen die Presskammer mit einem inerten Gas gespült. Danach werden der Glasrohling und die Formeinsätze mit Infrarotstrahlern bis auf die Presstemperatur aufgeheizt. Nach Erreichen der Presstemperatur wird diese Temperatur eine vordefinierte Zeit lang gehalten. Diese Phase wird als Homogenisierungsphase bezeichnet und wird durchgeführt, um die Formeinsatz-, Glas- und Umgebungstemperatur aneinander anzugleichen sowie eine homogene Temperaturverteilung innerhalb des Glasbauteils zu erreichen. Als nächstes wird der Glasrohling unter konstanter Presskraft bei vorgegebener Zeit gepresst. Nach dem Pressen folgt die kontrollierte Abkühlung des Gesamtsystems mit Stickstoff- und Wasserkühlung der Werkzeuge. Bei Erreichen einer vorher festgelegten Temperatur wird das Abkühlen mit einer erhöhten Abkühlgeschwindigkeit fortgesetzt. Nach dem Abkühlen wird die einbaufertige Linse der Presskammer entnommen (Bild 2.6).

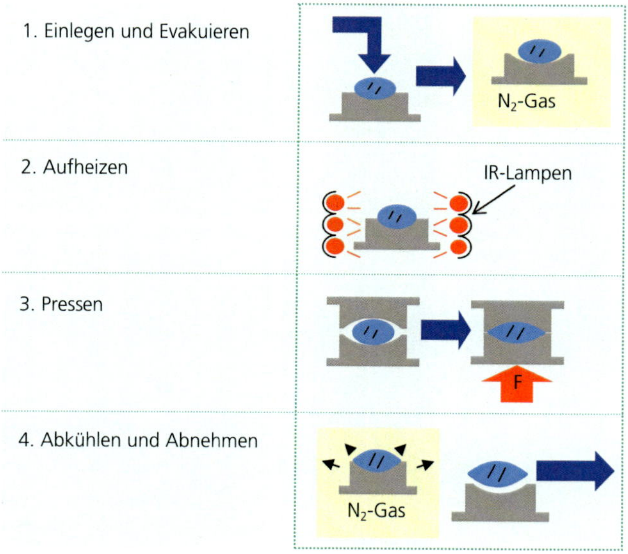

Bild 2.6: **Prozesszyklus des Präzisionsblankpressens [KLOC07a]**

Process cycle for precision glass molding [KLOC07a]

Ein Beispiel von komplex geformten Linsen, die durch das Präzisionsblankpressen hergestellt werden, sind Bikonvexlinsen in Digitalkameras. Ein anderes Bespiel sind Zylinderlinsenarrays. Sie finden bei Diodenlasern zur Lichtbündelung Anwendung. Eine sphärische Bikonvexlinse und ein Faserarraylinse werden in Bild 2.7 dargestellt.

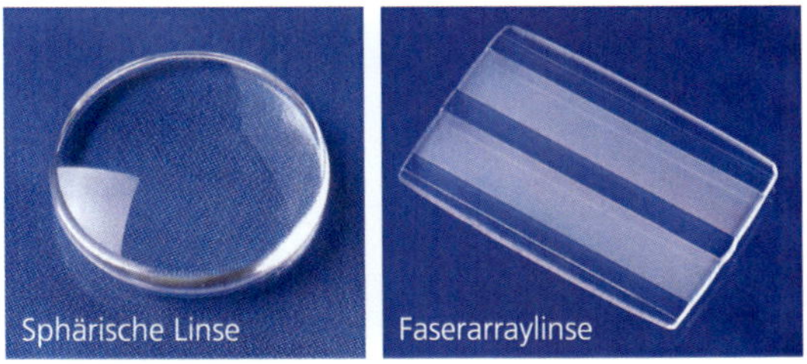

Bild 2.7: **Beispiele für durch Präzisionsblankpressen hergestellte Linsen**

Examples for lenses produced by precision glass molding

Über die ersten maschinellen Methoden, die zum Pressen eingesetzt wurden, wird in den Patenten der Firma Eastman Kodak Co. berichtet [ANGL74a, ANGL74b]. Ab Anfang der 80er Jahre sind neue Methoden von anderen Unternehmen, beispielsweise Ohara Inc., US Philips Co. und Matsushita Electric Ind. Co Ltd. der Literatur zu entnehmen [TAKE80, HAIS83, KAOR85]. Die ersten Informationen über Pressmaschinen der Toshiba Mach. Co. Ltd., die Anfang der 90er Jahre auf den Markt gebracht wurden, sind Ende der 80er Jahre erschienen [KICH88]. Diese Maschinen sind entweder mit beweglichem oder fixiertem Werkzeugsystem erhältlich. Bei den Maschinen mit beweglichem System sind mehrere Stationen vorhanden, an denen jeweils eine Prozessphase durchgeführt wird. Dabei werden das Werkzeugpaket und der darin liegende Glasrohling automatisch von Station zu Station transportiert. Bei den Maschinen mit fixierten Formeinsätzen sind die Formeinsätze in der Prozesskammer, in der der Pressprozess stattfindet, fest eingebaut. Zu der Maschine gehören ferner eine Kontrolleinheit sowie eine Vakuumpumpe für die Evakuierung der Prozesskammer. In Bild 2.8 ist eine Maschine mit fixierten Werkzeugen und den zugehörigen Komponenten zu sehen.

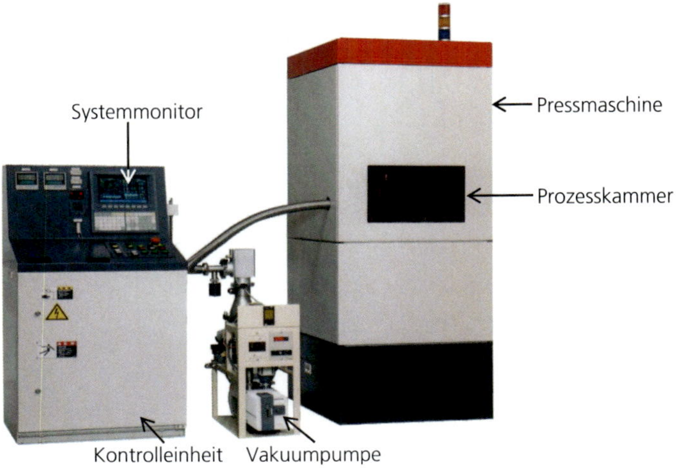

Bild 2.8: **Präzisionsblankpressmaschine mit fixiertem Werkzeugsystem der Toshiba Co., Ltd.**

Precision glass molding machine with fixed mold system of Toshiba Co., Ltd.

Die Prozesskammer dieser Maschine wird durch einen Quarzglaszylinder hindurch mittels Infrarotlampen aufgeheizt und die in ihr herrschende Temperatur wird in der unmittelbaren Nähe der Formeinsatzoberflächen mit einem Thermoelement im Bereich von 0-1000°C mit ±1,5°C Genauigkeit aufgenommen. Im folgenden Kapitel wird auf die Prozesskammer ausführlicher eingegangen.

In der vorliegenden Arbeit wurde der Maschinentyp GMP-207HVCE eingesetzt. Diese Maschine kann weg- oder kraftgesteuert betrieben werden und verfügt über eine Online-Prozessüberwachung. Ihre grundlegenden technischen Spezifikationen sind:

- Formwerkzeugdurchmesser 64-110 mm,
- max. Presstemperatur 1500°C,
- max. Presshub 65 mm,
- Presskraft 0,2-20 kN,
- Pressgeschwindigkeit 1-750 mm/min und
- Vakuum bis 1 Pa.

Die für die Durchführung eines Pressprozesses erforderlichen Prozessparameter sind in erster Linie die Initialposition des unteren Werkzeuges, die Verfahrgeschwindigkeit, die Kraft und die Temperatur in Abhängigkeit von der Zeit. In Bild 2.9 werden die Kraft-, Temperatur- und Positionsverläufe während eines Prozesses schematisch dargestellt. Der dargestellte Prozess umfasst einen Pressschritt mit der Kraft P1 sowie einen Abkühlvorgang unter zwei aufeinanderfolgenden Nachpresskräften P2 und P3. Der Umformvorgang läuft unter Vakuum ab, das nach der Homogenisierungsphase ST1, erzeugt wird. Nachdem das Vakuum realisiert wurde, wird bis zu einer definierten Stempelposition Z2 oder eine Presszeit PT1 lang gepresst und anschließend abgekühlt.

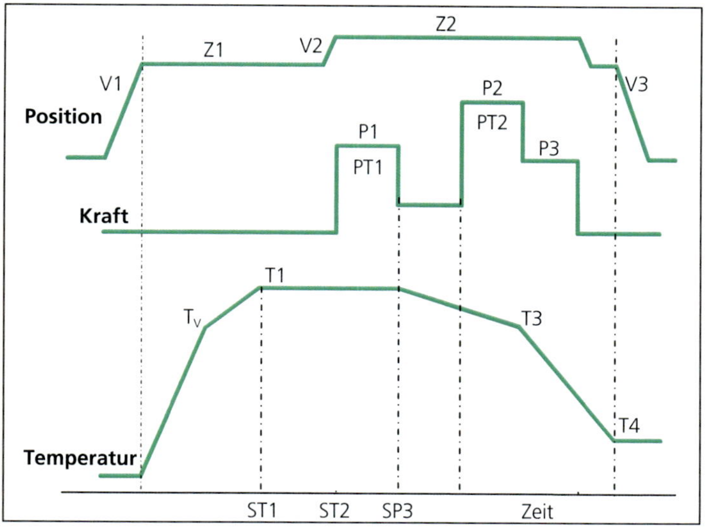

Bild 2.9: **Übersicht über die Prozessführung**

Overview of process set-up

2.4 Formwerkzeuge für das Präzisionsblankpressen

Molding tools for precision glass molding

Die Werkzeugmodule der Toshiba GMP-Pressmaschinen bestehen aus der Werkzeugperipherie und dem Formeinsatz. Sie werden in Bild 2.10 aufgeführt. Die Werkzeugperipherie besteht aus den Formeinsatzaufnahmen, den Grundkörpern sowie den Flanschen. Mit den Flanschen werden die Grundkörper am oberen und unteren Schaft der Maschine fest montiert. Ihre Montage erfolgt mit Bolzen und Befestigungsschrauben. Innerhalb der Flansche befinden sich Keramikröhren, mit denen während der Abkühlphase Stickstoff durch den Grundkörper geleitet wird. Die Thermoelemente zur Messung der Formeinsatztemperatur befinden sich außerhalb der Flansche und werden durch eine Bohrung in den Flanschen an die Grundkörpern herangeführt. Die Flansche werden aus Werkstoffen mit hoher

- Temperaturbeständigkeit,
- Oxidationsbeständigkeit,
- mechanischer Festigkeit und
- guter Bearbeitbarkeit

hergestellt, z. B. aus den Hochleistungskeramiken Siliziumkarbid (SiC) oder Siliziumnitrid (Si_3N_4).

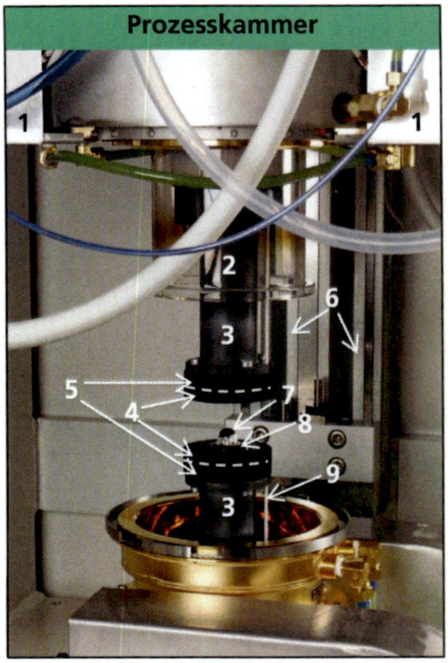

1. Stickstoff- und Kühlwasserversorgung
2. Quarzrohr
3. Flansch
4. Grundkörper
5. Formeinsatzaufnahme

(3.–5.: Werkzeugperipherie)

6. Infrarotlampen
7. Glasrohling
8. Formeinsatz
9. Thermoelement
10. Befestigungsschraube

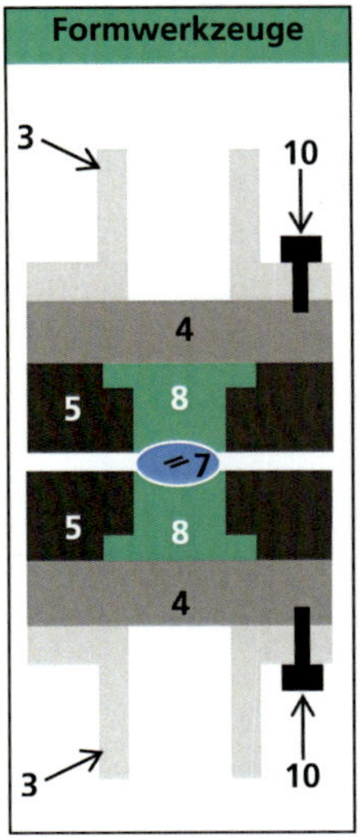

Bild 2.10: Detailaufnahme der Prozesskammer und der Formwerkzeuge der Toshiba GMP Glaspressmaschine

Detail of process chamber and molding tools of the Toshiba GMP glass molding machine

Die Werkstoffe für die Formeinsatzaufnahmen und Grundkörpern müssen zusätzlich zu den oben genannten Eigenschaften auch noch eine hohe Wärmeleitung und einen an das Glas angepassten thermischen Ausdehnungskoeffizienten haben. Eine hohe Wärmeleitung ist erforderlich, damit sie mit minimalem Energieaufwand aufgeheizt werden können. Ein niedriger thermischer Ausdehnungskoeffizient ist erwünscht, damit die Schrumpfung bzw. Schwindung der Formeinsatzaufnahmen nicht stark vom Formeinsatz abweicht [TOSH05].

2.4.1 Werkstoffe für die Formeinsätze

Materials for the inserts

Da die Oberflächenbeschaffenheit der Formeinsätze in die Linsen übertragen wird, müssen sie eine optisch polierte und fehlerfreie Oberfläche haben. Diese Voraussetzung, kombiniert mit der hohen geometrischen Komplexität und Formgenauigkeit, macht für ihre Herstellung den Einsatz von Ultrapräzisionstechnologien notwendig. Dies führt zu hohen Herstellungskosten der Formwerkzeuge. Damit diese Kosten die Herstellungskosten der optischen Komponenten nicht zu sehr erhöhen, müssen die Formeinsätze eine hohe Standzeit aufweisen.

Neben der hohen Standzeit werden von den Formeinsätzen aus technologischer Sicht ein dem verwendeten Glas ähnlicher thermischer Ausdehnungskoeffizient und eine hohe Wärmeleitung erwartet. Der vergleichbare thermische Ausdehnungskoeffizient ist die Voraussetzung dafür, dass beim Abkühlen die Schwindung des Formeinsatzes nur geringfügig von der Schwindung des Glases abweicht und somit die Linsen zu der gewünschten Sollform gepresst werden können. Die hohe Wärmeleitung ermöglicht es, den Formeinsatz mit möglichst geringem Energieaufwand schnell bis zur Presstemperatur aufzuheizen.

Aus der Summe der Forderungen an die Formeinsätze lässt sich das Eigenschaftsprofil der Formeinsatzwerkstoffe ableiten. Das optimale Profil ist in Bild 2.11 dargestellt. Der Werkstoff muss mechanisch und thermisch belastbar sein. Ein Vergleich der unterschiedlichen Werkstoffarten, Keramiken, Metalle und Hartmetalle, verdeutlicht, dass Keramiken und Hartmetalle eine günstigere Temperatur-, Oxidations- und Verschleißfestigkeit haben als Metalle. Außerdem haben sie einen zum Glas ähnlichen thermischen Ausdehnungskoeffizienten. Daher werden in der Praxis die Formeinsätze überwiegend aus keramischen Werkstoffen und Hartmetallen hergestellt. Formeinsätze aus metallischen Werkstoffen finden nur in einzelnen Fällen Einsatz.

optimales Eigenschaftsprofil	**Keramik**	**Metall**	**Hartmetall**
▲ Härte	+	O	+
▲ Bruchzähigkeit	−	+	O
▲ Druckfestigkeit	O	−	O
▲ Oxidationsbeständigkeit	+	−	O
▲ Verschleißfestigkeit	+	O	+
▲ Temperaturbeständigkeit	O	−	+
▲ Temperaturwechselbeständigkeit	−	O	O
▲ Wärmeleitfähigkeit	−	+	O
≈ Thermischer Ausdehnungskoeffizient	+	−	+
▲ Bearbeitbarkeit	−	+	−

▲ hoch	+ erfüllt gut
▼ niedrig	O erfüllt mäßig
≈ angepasst zum Glas	− erfüllt nicht

Bild 2.11: Optimales Eigenschaftsprofil der Formeinsatzwerkstoffe und die Bewertung unterschiedlichen Werkstoffarten nach einzelner Eigenschaften [BERG02, KING76]

Optimum properties profile of insert materials and assessment of different material grades according to several properties [BERG02, KING76]

Die Werkstoffe, aus denen industrielle Formeinsätze hergestellt werden, sind in Bild 2.12 zu sehen. Die Cr- und Ni-legierten Edelstähle werden zum Pressen von Gläsern mit niedriger Transformationstemperatur, sogenannten Low-Tg Gläsern, eingesetzt. Diese Edelstähle sind außerdem die üblichen Werkzeugwerkstoffe beim Spritzgießen von Kunststoffen. Sie besitzen bei den Presstemperaturen der Low-Tg Gläser die erforderliche Festigkeit. Darüber hinaus besitzen sie eine gute Bearbeitbarkeit. Zum Pressen von konventionellen Gläsern, von 400°C bis 800°C, kommen Hartmetall und Hochleistungskeramiken zum Einsatz. Die verwendeten Hartmetallsorten sollen möglichst binderarm und feinkörnig sein. Derzeit werden die Hartmetallformeinsätze zur Erhöhung ihrer Standzeit mit verschleißfesten Beschichtungen versehen [KLOC07c, HIRO04, OTA02, KASH00, HIBI00, HAGE88]. Für das Pressen von Quarzglas werden Formeinsätze aus Glaskohlenstoff verwendet, da dieser Werkstoff bis 2000°C temperaturfest ist [MURA05].

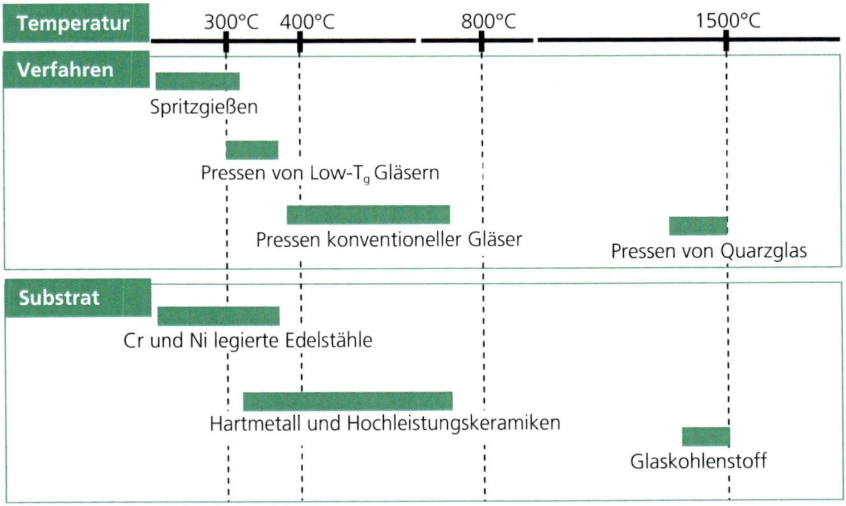

Bild 2.12: **Formeinsatzsubstratwerkstoffe für das Präzisionsblankpressen [KATS07, YI07]**

Insert substrate materials for precision glass molding [KATS07, YI07]

In der vorliegenden Arbeit wird das Verschleißverhalten der Formeinsätze aus keramischen Werkstoffen und Hartmetallen untersucht. Bei den keramischen Werkstoffen handelt es sich um Formeinsätze aus heißisostatisch gepresstem Siliziumnitrid (Si_3N_4) und Glaskohlenstoff (GC). Die Hartmetallformeinsätze sind aus den Sorten J05 (Fuji-Die) und CTU05E sowie CTN01L (Ceratizit) hergestellt. Daher werden im folgenden Abschnitt die Herstellung, die Eigenschaften und Anwendungen dieser Werkstoffe erläutert.

Siliziumnitrid (Si_3N_4)

Siliziumnitrid (Si_3N_4) zeichnet sich vor allem durch eine höhere Temperaturwechselbeständigkeit als andere technische Keramiken aus. Außerdem besitzt es ein geringes spezifisches Gewicht, eine hohe Härte, Temperaturbeständigkeit, Korrosionsbeständigkeit und sehr gute tribologische Eigenschaften [BERG02, RICH98, REED95]. Wegen seiner besonderen mechanischen Eigenschaften nimmt seine Anwendung ständig zu. Es ist in besonderem Maße für komplexe Anwendungen sowohl bei hohen als auch bei niedrigen Temperaturen geeignet, z. B. für Motorteile, Wälzlager, Schneidstoffe [SALM83, BERG02].

Das Sintern von reinem Si_3N_4-Pulver mit 100-prozentiger theoretischer Dichte ist wegen des kovalenten Bindungscharakters des Siliziumnitrids nicht möglich. Es gelingt jedoch mit sehr feinem Pulver und mit Hilfe von Sinteradditiven, Magnesiumoxid (MgO), Aluminiumoxid (Al_2O_3), Yttriumoxid (Y_2O_3), durch einen mehrstufigen Sinterprozess Bauteile mit hoher Dichte herzustellen. Dieser Sinterprozess wird als Reaktionssintern bezeichnet. Bei dieser Art von Sinterprozess bilden die Sinteradditive eine flüssige Phase, die die Verdichtung begünstigt und nach dem Sintern an den Korngrenzen eine Glasphase bildet [BERG02, SALM83, KING76].

Die reaktionsgesinterten (RB) Bauteile besitzen eine offene Porosität mit bis zu 20%, die zu einer niedrigen Dichte und somit zu einer mäßigen Festigkeit führt. Die Porosität kann mit zwei Sintermethoden verringert werden:

1. Heißpressen (HP): Beim Heißpressen wird das Gemisch aus dem Siliziumnitridpulver und den Sinteradditiven bei einer bestimmten Temperatur zu einer aufgeheizten Graphitmatrix gepresst. Die am häufigsten verwendeten Sinteradditive sind wie beim Reaktionssintern, Magnesiumoxid (MgO), Yttriumoxid (Y_2O_3) und Aluminiumoxid (Al_2O_3). Die heißgepressten Bauteile erreichen in der Regel eine theoretische Dichte von mindestens 97%.

2. Heißisostatisches Pressen (HIP): Hierbei wird das Siliziumnitridpulver in einer temperaturbeständigen Hülle eingeschlossen und in einem Ölbad unter Druck sowie bei Temperaturen von ca. 1700°C bis 1825°C gepresst [MICH94, KING76]. Diese hohe Temperatur und der hohe Druck ermöglichen, dass die Bauteile aus heißisostatisch gepresstem Siliziumnitrid (HIP-Si_3N_4) mit relativ wenigen Sinteradditiven bis zu 99% der theoretischen Dichte verdichtet werden können. Durch die geringe Menge der Sinteradditive bildet sich in den Korngrenzen eine dünne Glasphase; und diese Glasphase beeinflusst die für Siliziumnitrid typischen Eigenschaften nur mäßig. In Bild 2.13 ist das Gefüge nach dem Verdichten anhand einer REM-Aufnahme dargestellt, in der die Si_3N_4-Körner dunkel und die Glasphase hell erscheinen. Aufgrund seiner hohen Dichte und seiner Gefügebeschaffenheit hat heißisostatisch gepresstes Siliziumnitrid (HIP-Si_3N_4) eine hohe Temperaturfestigkeit, eine hohe Temperaturwechselbeständigkeit und eine Korrosionsbeständigkeit. Die Kombination dieser Eigenschaften führt zur besonderen Eignung als Formeinsatzwerkstoff.

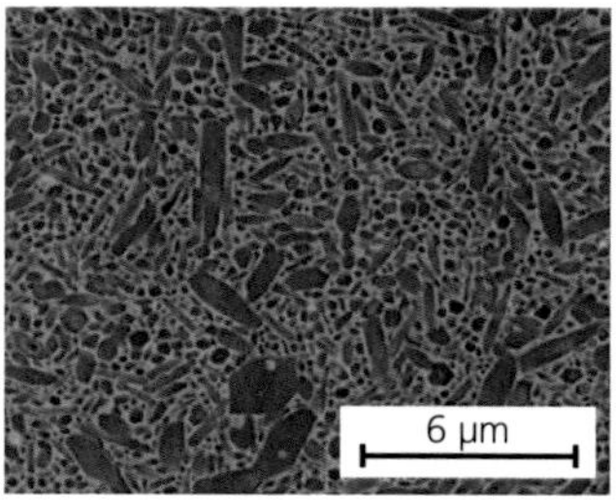

Bild 2.13: **Rasterelektronenmikroskop (REM)-Aufnahme von HIP-Si_3N_4 [HCST07]**

Scanning electron microscope (SEM) picture of HIP-SiN [HCST07]

Glaskohlenstoff (GC)

Glaskohlenstoff zeichnet sich durch seine hohe Warmfestigkeit und hohe Temperaturwechselbeständigkeit aus. Seine elektrische und thermische Leitfähigkeit ist gering. Glaskohlenstoff besitzt eine hohe Korrosionsbeständigkeit. Außerdem besitzt er eine geringe Porosität und ist daher gasdicht. Er wird nur von stark oxidierend wirkenden Substanzen langsam angegriffen. Starke Säuren und Laugen oder Lösungsmittel können ohne weiteres in Gefäßen aus Graphit eingedampft werden [BÖDE82, HARR04].

Glaskohlenstoff wird in einem mehrstufigen Prozess hergestellt. Hierbei wird als erstes ausgehend von dreidimensional vernetzenden Harzen ein Harz-Formkörper in der gewünschten geometrischen Form erzeugt. Der gehärtete Formkörper wird anschließend einem empfindlichen, sorgfältig gesteuerten Pyrolyseprozess unterworfen. Bei der Pyrolyse müssen etwa 45% des Gewichts als flüchtige Spaltprodukte ausdiffundieren. Deswegen ist die Aufheizrate auf wenige Kelvin pro Stunde begrenzt, und die maximale Wandstärke liegt bei 6 mm [BÖDE82, HARR04].

Nach dem Strukturmodell von Harris, das allgemein akzeptiert ist, besitzt Glaskohlenstoff eine fullerenartige Mikrostruktur [HARR04]. Fullerene bestehen aus ungeordneten und stark unterschiedlich orientierten Schichtpaketen. Die Schichtpakete haben nicht wie beim Graphit ein reguläres hexagonales Wabenmuster sondern einige von den sechseckigen Hexagonalen sind durch Fünfecke ersetzt, sodass gekrümmte Flächen entstehen. Diese Flächen rollen sich bei bestimmter relativer Anordnung der Fünf- und Sechsecke zueinander auf. Die Anzahl der Verknüpfungspunkte an den Schichtpaketen hängt stark von der Temperatur des Pyrolyseprozesses ab. Beim Niedertemperatur-Glaskohlenstoff, der bei ca. 1000°C pyrolysiert wird, ist die Anzahl der Verknüpfungspunkte gering. Daher entsteht ein nicht geschlossenes Knäuel. Dagegen sind beim ab ca. 1300°C pyrolysierten Hochtemperatur-Glaskohlenstoff mehr Verbindungspunkte vorhanden, und dieser Werkstoff besteht aus einem geschlossenen Knäuel. Die erläuterten Strukturmodelle für Nieder-Temperatur und Hochtemperatur-Glaskohlenstoff werden in Bild 2.14 dargestellt [BÖDE82, HARR04, SCHW08].

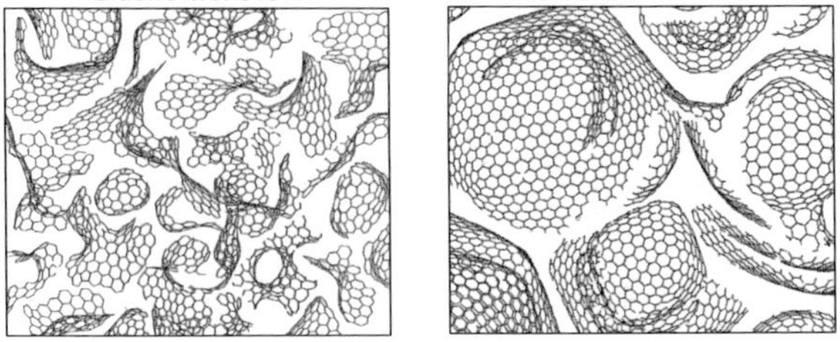

Bild 2.14: **Strukturmodelle von Niedertemperatur und Hochtemperatur Glaskohlenstoff [HARR04]**

Models for the structure of low-temperature and high-temperature glassy carbon [HARR04]

Glaskohlenstoffteile werden für verschiedenste Anwendungen, wie z. B. als Behälter für Silikatschmelzen in der Analytik, eingesetzt. Außerdem finden sie als Tiegel und Gestellen in der Halbleiterindustrie Anwendung [BÖDE82, HARR04].

Hartmetall (WC-Co und WC)

Obwohl die Bezeichnung Hartmetall grundsätzlich für alle harten metallischen Werkstoffe anwendbar ist, versteht man darunter im engeren Sinne die Kombination von keramischen Hartstoffen mit relativ weichen zähen Werkstoffen, vorwiegend Eisen, Kobalt und Nickel. Die zähen Werkstoffe werden als Binder oder Bindermetalle bezeichnet. Die Hartmetalle weisen sowohl die Eigenschaftsmerkmale der keramischen als auch der metallischen Werkstoffe auf. Beispielweise haben sie die für keramische Werkstoffe übliche hohe Härte, daneben auch die für metallische Werkstoffe übliche hohe Festigkeit. Durch ihren metallischen Glanz unterscheiden sie sich aber deutlich von den keramischen Werkstoffen. Von den herkömmlichen metallischen Werkstoffen unterscheiden sie sich durch ihre hohen Härte-Werte sowie gute Temperaturfestigkeit [SCHE88, UPAD98].

Bauteile aus WC-Co werden in neun Prozessschritten hergestellt. Sie werden in Bild 2.15 aufgeführt. Als erstes wird der Hartmetallrohstoff, der ein Gemisch aus Wolframoxiden (WO_3, H_2WO_4) beinhaltet, reduziert. Hierbei wird durch die Reaktion des Rohstoffs mit Wasserstoff bei Temperaturen zwischen 800°C und 1000°C, so genannte Reduktion, Wolframmetallpulver erhalten. Nach der Reduktion wird das Wolframpulver karburiert, indem es als erstes mit reinstem Ruß oder Grafit gemischt und im Ofen bis 2000°C erhitzt wird. Nach dem Karburieren liegt

Wolframkarbid (WC) vor. Er wird im nächsten Schritt mit den Bindermetallen Kobalt (Co), Vanadium (V) sowie mit den Hartstoffzusätzen Tantal- und Titanoxid gemischt. Dieses Pulvergemisch wird gemahlen und anschließend granuliert. Als nächstes werden durch unterschiedliche Pressverfahren, u. a. Axialpressen oder Strangpressen, Bauteile gepresst und anschließend bei Temperaturen zwischen 700°C und 800°C vorgesintert. Nach dem Vorsintern haben sie eine kreideartige Härte und können durch unterschiedliche Verfahren, z. B. Drehen, Fräsen, Schleifen und Polieren, bearbeitet und in ihre Form gebracht werden [MASO52, MAYE81, OSCA85]. Nach der Formgebung werden sie gesintert. Hierbei werden die Sinterverfahren je nach der gewünschten Qualität der gesinterten Produkte ausgewählt. Zur Herstellung von kobaltarmen Hartmetallbauteilen werden die Bauteile heißisostatisch gepresst (HIP) und anschließend in einem Vakuumofen bei der Sintertemperatur nachverdichtet [SCHE88].

Die Eigenschaften der WC-Co Bauteile, vor allem ihre Härte kombiniert mit ihrer Festigkeit, ermöglichen ihre Anwendung in vielerlei Bereichen. Zum Beispiel werden sie als Matrizen bei der spanlosen Formgebung verwendet. Ein kleiner Teil von ihnen, ca. 10-15%, wird als Verschleißteile in Form von Kugeln und Dichtungsringen eingesetzt [BERTA06, PLAN02a, PLAN02b].

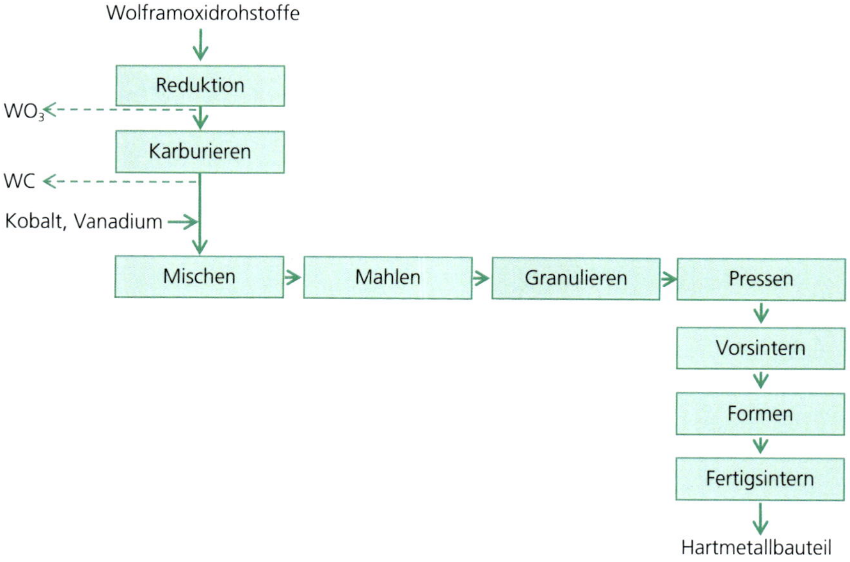

Bild 2.15: Prozessablauf der Hartmetallherstellung [MASO52, SCHE88]

Process flow of precision glass molding [MASO52, SCHE88]

In dieser Arbeit wurden ausschließlich Formeinsätze aus den Hartmetallsorten mit Kobalt-Binder (WC-Co) eingesetzt. Die WC-Körner dieser Sorten werden nach ihrer Korngröße als nano (0,2 $\mu m > d_k$) und ultrafein ($0{,}2\ \mu m < d_k < 0{,}5\ \mu m$) bezeichnet [DREY01]. In ihrem Gefüge werden die mengenmäßig überwiegenden Hartstoffkörner von dem zwischen den dünnen Schichten liegenden Bindermetall aufgekittet, sodass die Hartstoffkörner festgehalten werden. Im Bild 2.16 sind die Gefüge zweier Hartmetalle mit unterschiedlichem Binderanteil schematisch dargestellt. In dieser Darstellung liegen die Wolframkarbidkörner (weiß) in der Kobaltbinderphase (grau) verteilt. Die Binderphase hält die Körner im Gefüge fest. Dabei bleiben die Wolframkarbidkörner und die Binderphase im Wesentlichen als zwei durch definierte Korngrenzen getrennte Gefügebestandteile erhalten.

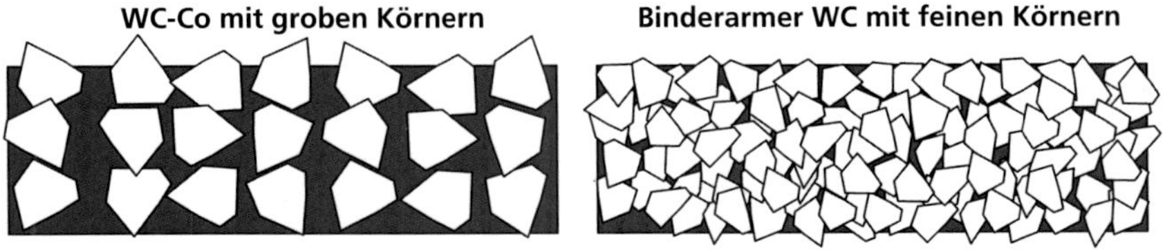

Bild 2.16: **Schematische Darstellung der Gefüge von WC-%10Co und binderarmen WC**

Schematical illustration of the microstructure of WC-%10Co and binder less WC

2.4.2 Formeinsatzbeschichtung

Mold insert coating

Grundlegende Untersuchungen zu Formeinsatzbeschichtungen standen in der vorliegenden Arbeit nicht im Fokus. Es wird an dieser Stelle lediglich ein Überblick über sie gegeben und der Zusammenhang zu den Formeinsätzen hergestellt. Sie werden zur Steigerung der Standzeit von Formeinsätzen verwendet. Um diesen Zweck zu erfüllen, sollen sie über eine hohe Oxidationsbeständigkeit, Hochtemperaturfestigkeit und niedrige Reaktionsfreudigkeit verfügen. Sie sollen chemisch inert sein und geringe Anhaftungsneigung zum Glas haben. Weiterhin sollen sie auf der Formeinsatzoberfläche zu keinen mechanischen Spannungen führen.

Die oben aufgezählten Anforderungen und ihr Erfüllungsgrad in Abhängigkeit der Beschichtung sind in Bild 2.17 zusammengefasst. In diesem Bild werden die Beschichtungen entsprechend ihrer Basismaterialien in drei Gruppen, Metall- und Edelmetallbasis, Keramikbasis sowie Kohlenstoffbasis, klassifiziert. Zu den metall- und edelmetallbasierten Beschichtungen zählen Ni-P, Ni-W sowie Pt-Ir. Von ihnen finden Pt-Ir-Schichten wegen ihrer hohen Oxidationsbeständigkeit und geringen Reaktionsfreudigkeit am häufigsten Anwendung. Sie werden mit dem PVD-Verfahren hergestellt. TiN, CrN und BN sind einige Beispiele für Keramikbasisbeschichtungen. Sie verfügen über eine gute Hochtemperaturfestigkeit und eine nur mäßige Oxidationsbeständigkeit. Ihre mäßige Oxidationsbeständigkeit führt zu relativ kurzen Standzeiten der beschichteten Werkzeuge. Daher haben sie sich als Formeinsatzbeschichtungen nicht etablieren können. Diamant- und DLC-Beschichtungen sind kohlenstoffbasiert. Sie werden mittels CVD-Verfahren auf den Formeinsatz aufgebracht. Obwohl die Diamantbeschichtung eine gute Oxidationsbeständigkeit besitzt und ihre Reaktionsfreudigkeit gering ist, wird sie bisher nicht so verbreitet wie Pt-Ir verwendet [KLEE02, KLEE03, MA07].

Voraussetzungen	Metall- und Edelmetallbasis		Keramikbasis		C-Basis	
	Ni-P und Ni-W	Pt-Ir	TiN und CrN	BN	Diamant	DLC
▲ Hochtemperaturfestigkeit	−	O	+	+	+	O
▲ Oxidationsbeständigkeit	−	+	−	O	+	−
▼ Schichtspannung	O	O	O	−	−	−
▼ Anhaftung mit Glas	−	+	−	O	+	O
▼ Reaktionsfreudigkeit	−	+	O	O	O	−
▲ Standzeit	−	+	O	O	O	−
▼ Kosten	+	−	−	−	O	O

▲ hoch
▼ niedrig

\+ erfüllt gut
O erfüllt mäßig
− erfüllt nicht

Bild 2.17 **Voraussetzungen für die Formeinsatzbeschichtung und die Tauglichkeit einzelner Beschichtungen [MA07]**

Requirements for the insert coating and the suitability of several coatings [MA07]

2.5 Optische Gläser
Optical glasses

Optische Gläser sind der wichtigste Werkstoff für Optikkomponenten, weil sie im Vergleich zu Kunstoffen neben ausgezeichneten thermischen und mechanischen Eigenschaften auch eine hohe chemische Stabilität besitzen. Im folgenden Abschnitt wird ein Überblick über die optischen Gläser gegeben. Hierbei werden als erstes die allgemeine Definition der Gläser und deren Struktur geschildert. Danach werden die Sorten, die wichtigsten Eigenschaften und die kommerziellen Rohlingsgeometrien vorgestellt.

2.5.1 Definition und Struktur der Gläser
Definition and structure of glasses

In der Literatur sind unterschiedliche Definitionen für „Glas“ zu finden. Diese Unterschiede basieren auf verschiedenen Betrachtungsweisen. Die American Ceramic Society betrachtet die Struktur und definiert es wie folgt:

„Glas ist ein anorganisches Schmelzprodukt, das im Wesentlichen ohne Kristallisation erstarrt.“

Diese Definition wurde auch in die DIN 1259 übernommen [DIN71]. Scholze definiert es nach seiner Entstehung aus der Schmelze folgendermaßen [SCHO88]:

„Im physikalischen Sinn ist Glas eine eingefrorene unterkühlte Flüssigkeit.“

Diese Definition kann mit Bild 2.18 erläutert werden. In diesem Bild sind die Volumenänderungen von Glas und kristallinen Werkstoffen als Funktion der Temperatur dargestellt. Wenn kristalline Werkstoffe abkühlen, gehen sie bei der Schmelztemperatur (T_s), vom flüssigen Zustand in den festen Zustand über. Diese Zustandsänderung bewirkt eine signifikante Volumenabnahme. Wenn das Glas abgekühlt wird, geht es unterhalb der Schmelztemperatur nicht zum festen Zustand über. Es wird lediglich unterkühlt. Dieser Übergang von der Schmelze zur unterkühlten Schmelze findet ohne eine signifikante Volumenänderung statt. Ab einem Temperaturbereich, der sogenannten Transformationstemperatur (T_g), ist jedoch die Volumenabnahme mit abnehmender Temperatur geringer als zuvor und zeigt eine ähnliche Temperaturabhängigkeit wie Kristalle. Nach dem Abkühlen liegt das Glas als eine eingefrorene Flüssigkeit im festen Zustand vor [SCHO88, DIN98].

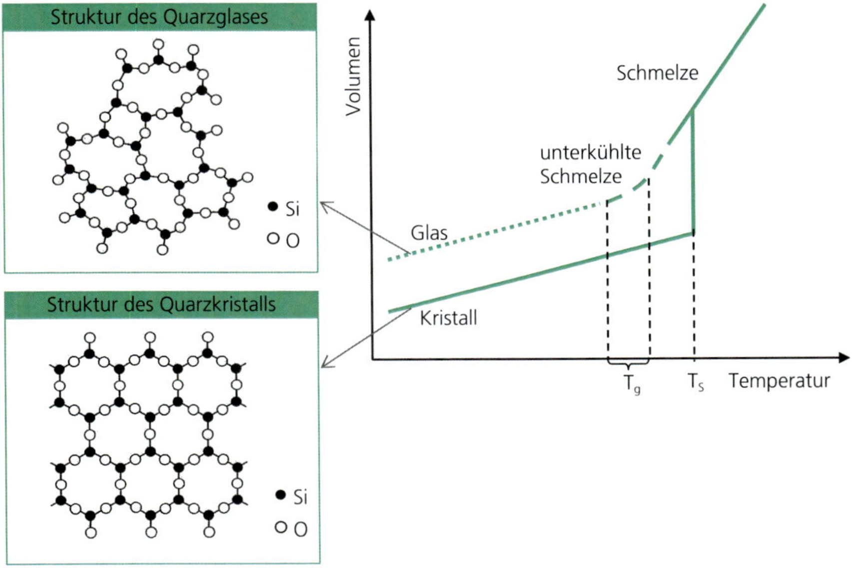

Bild 2.18: **Ausbildung des Quarzglases und des Quarzkristalls [RUBE01, REN00, SCHO88]**

Formation of fused silica and quartz crystal [RUBE0, REN0, SCHO88]

Führt man die Definitionen der American Ceramic Society und Scholze zusammen, ist das Glas eine unterkühlte Flüssigkeit ohne Kristallisation. Nach dieser Beschreibung unterscheidet es sich signifikant von den Kristallen in der Ordnung seiner Atome und Ionen in den Elementarzellen. Während in Kristallen die Atome und Ionen regelmäßig angeordnet sind, sind sie im Glas als Folge seiner Ausbildung ungeordnet gebunden. Die aus diesen ungeordnet gebundenen Bestandteilen gebildete Struktur wird Glasnetzwerk genannt. Die Struktur der Kristalle und Gläser werden schematisch in Bild 2.18 anhand von Quarzglas und Quarzkristall dargestellt [REN00, RUBE01, NÖLL97].

Das Glasnetzwerk ist aus Tetraedern der Netzwerkbildner aufgebaut. Als Netzwerkbildner werden Oxide bezeichnet, die das Netzwerk bzw. das Skelett des Glases bilden. Neben ihnen beinhaltet das Glas noch die Netzwerkwandler- und die Zwischenoxide. Die Netzwerkwandler binden sich mit dem Sauerstoff des Tetraeders des Netzwerkbildners und brechen somit die Bindungen zwischen den Tetraedern auf (Bild 2.19). Die Zwischenoxide reagieren je nach Mengenanteil und weiterer Oxide im Glas als Netzwerkbildner oder -wandler.

Die Einteilung der Oxide nach ihrer Funktion im Glasnetzwerk erfolgt anhand des Dietzels Modells. Nach diesem Modell hängt die Funktion eines Oxides von seiner Dietzelischen Feldstärke (F) ab. Die Feldstärke berechnet sich aus der Valenz des Kations (Z_C) und dem Abstand vom Kation zum Sauerstoff (a) wie folgt:

$$F = \frac{Z_c}{a^2}$$ **Gl. 2.1**

Die Oxide mit einer Feldstärke von 0,1 bis 0,4 agieren im Glasnetzwerk als Netzwerkwandler. Die Netzwerkbildner haben Feldstärkenwerte von 1,4 bis 2. Die Feldstärke von Zwischenoxiden liegt im Bereich von 0,5 bis 1,0. [SCHU05]. Beispiele für die drei Gruppen von Oxiden sind nachfolgend aufgeführt [VOGE93, KING76]:

- Netzwerkbildner: SiO_2, B_2O_3, P_2O_5, GeO_2, As_2O_3
- Netzwerkwandler: Li_2O, Na_2O, K_2O, CaO
- Zwischenoxide: Al_2O_3, PbO, MgO

Na
/
Einfluss des Na_2O auf das Netzwerk: ≡Si-O-Si≡+Na-O-Na→≡Si-O O-Si≡
/
Na

Einfluss des CaO auf das Netzwerk: ≡Si-O-Si≡+Ca-O→≡Si-O-Ca-O-Si≡

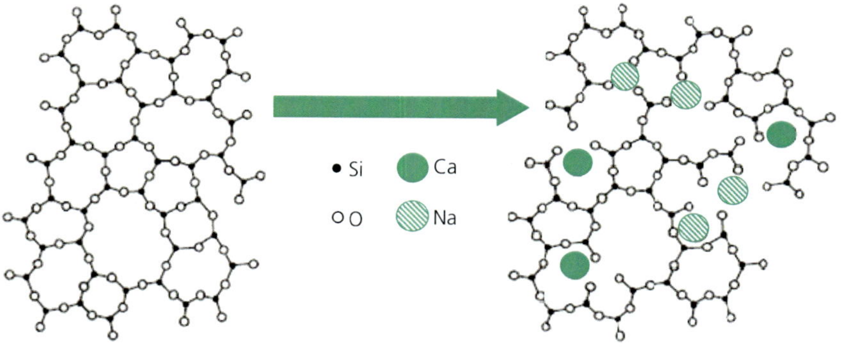

Bild 2.19: **Schwächung des Glasnetzwerks durch Netzwerkwandler [RUBE01, VOGE93, SCHO88]**

Degradation of glass network caused by glass modifiers [RUBE01, VOGE93, SCHO88]

Die in einem Glas vorhandenen Oxide können mit unterschiedlichen Analyseverfahren bestimmt werden: Die Vorgehensweise bei den Analyseverfahren ist in DIN-Normen dokumentiert. Zum Beispiel beschreibt die DIN 52340 die Probenvorbereitung, Methodik und Berichterstellung der chemischen Analyse von ungefärbten Kalk-Natron-Gläsern [DIN74]. Die Analyse von Blei- und Kristallglas wird in der DIN 52341 aufgeführt [DIN93].

Die Analyseverfahren können nach der Präparation der Proben als indirekte und direkte Verfahren in zwei Gruppen unterteilt werden. Bei den indirekten Analyseverfahren werden die Glasproben zerkleinert und mit den zerkleinerten Glasteilen wird eine Lösung hergestellt. Der Vorteil hierbei ist, dass zur Untersuchung der hergestellten Lösung mehrere Methoden zur Verfügung stehen. Allerdings sind zur Detektion der Gesamtheit aller Elemente einer Vielzahl an Methoden erforderlich, wie z. B. Titration, ICP-Emissions-Spektrometrie (ICP-OES) und ICP-Atomspektroskopie (ICP-MS). Bei den direkten Verfahren werden die Glasproben mit Röntgen-, Laser- oder Elektronenstrahlung basierenden Verfahren analysiert. Bei diesen Verfahren ist der Aufwand für die Probenpräparation sehr gering, und die Analysezeit ist verglichen mit den indirekten Analyseverfahren kurz. Das am häufigsten angewandte direkte Analyseverfahren ist die Röntgenfluoreszenzanalyse (XRF). Für eine detaillierte Beschreibung der Standard-Analyseverfahren wird auf die Literatur verwiesen [BACH99, UHLM90].

2.5.2 Eigenschaften der optischen Gläser

Properties of optical glasses

Die wesentlichen Eigenschaften der optischen Gläser werden nach DIN 58 925 T.2 von den Glasherstellern für jedes Glas in einem Datenblatt bereit gestellt [DIN65, SCHO08, OHAR08, SUMI08, HOYA08]. Ein Beispiel wird für die Glassorte P-SK57 im Anhang aufgeführt (Bild 9.1). In ihm sind die Brechzahlen für die Spektrallinien vom IR- bis in das UV-Gebiet, die Abbesche Zahl ν und der Reintransmissionsgrad τ_i für die Glasdicken von 5 mm bis zu 25 mm zu finden. Weiterhin werden im Datenblatt die thermischen Eigenschaften, unter anderem Ausdehnungskoeffizient, isobare spezifische Wärme (C_p) und Wärmeleitfähigkeit (λ), angegeben. Von den mechanischen Eigenschaften werden die Dichte (ρ), das Elastizitätsmodul (E), die Poissonzahl (μ) und die Knoophärte (HK) aufgeführt. Die chemische Beständigkeit des Glases gegen externe Einflüsse wird im Datenblatt anhand seiner Resistenzwerte angegeben. Zu diesen Werten zählen z. B. Resistenz gegen Salpetersäure (SR) und Alkali-Resistenz (AR).

Die für das Pressen ausschlaggebende Eigenschaft der Gläser ist ihre Viskosität. Sie können nur unterhalb einer definierten Viskosität gepresst werden. Die Viskosität der Gläser wird mit dem Boltzmann-Ansatz beschrieben (Gl. 2.2):

$$\eta = K \exp\left(\frac{E_\eta}{RT}\right) \qquad \textbf{Gl 2.2}$$

Da der Boltzmann-Ansatz nur bei sehr hohen oder bei niedrigen Temperaturen Übereinstimmungen mit den realen Messwerten zeigt, wurde er von Fulcher und Tamman für den mittleren Temperaturbereich mit einer Konstanten, To, angepasst (Gl. 2.3):

$$\eta = K \exp\left(\frac{E_\eta}{T - T_0}\right) \qquad \textbf{Gl 2.3}$$

Diese Gleichung wird im alltäglichen Gebrauch zur Gleichung 2.4 vereinfacht und als Vogel-Fulcher-Tamman-Gleichung bezeichnet. Mit ihr lässt sich die Viskosität in Abhängigkeit von der Temperatur hinreichend genau beschrieben [NÖLL97, SCHO88].

$$\eta = A + \frac{B}{T - T_0} \qquad \textbf{Gl 2.4}$$

Die Darstellung des Logarithmus der Viskosität über der Temperatur ergibt das Vogel-Fulcher-Tamman-Diagramm (VFT-Diagramm) eines Glases. In Bild 2.20 ist das VFT-Diagramm eines Schwerkronglases zu sehen. Allgemein wird bei Viskositäten im Bereich von 10^6 bis 10^9 dPa·s von einer guten Verarbeitbarkeit eines Glases gesprochen. Nimmt die Viskosität mit abnehmender Temperatur rasch zu, so steht nur eine kurze Zeit für die Verarbeitung des Glases zur Verfügung. Gläser, die dieses Verhalten aufweisen, werden deshalb als kurze Gläser bezeichnet. Nimmt die Viskosität des Glases dagegen mit abnehmender Temperatur langsam zu, dann steht für die Verarbeitung ein größerer Zeitraum zur Verfügung. Solche Gläser werden als lange Gläser bezeichnet [SCHO88, SCO06].

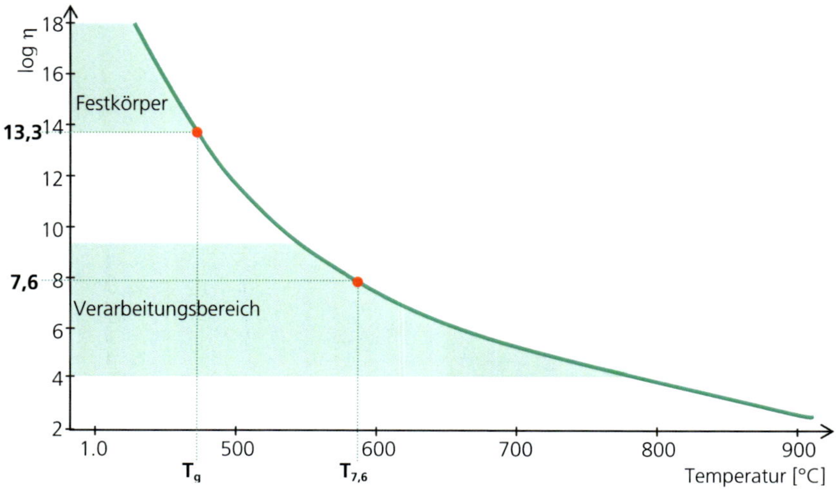

Bild 2.20: **Vogel-Fulcher-Tamman-Diagramm eines Schwerkronglases [SCHO06,SCHO88]**

Vogel-Fulcher-Tamman diagram of a dense crown glass [SCO06, SCHO88]

Da die Viskosität der Gläser stark temperaturabhängig ist, werden im Datenblatt die Temperaturen für drei bestimmte Viskositäten zur Verfügung gestellt. Diese Temperaturen und ihre Bedeutung sind folgendermaßen definiert:

1. $T_{10}{}^{13,3}$°C (T_g): Die Temperatur, bei der die Viskosität 13,3 dPa·s beträgt, wird als Transformationstemperatur (Tg) bezeichnet. Bei Überschreitung dieser Temperatur zeigt das Glas viskoelastisches Verhalten und seine Eigenschaften unterscheiden sich signifikant von denen in Raumtemperatur [DIN98].

2. $T_{10}{}^{13}$°C: Neben der Transformationstemperatur stellen die Hersteller im Datenblatt die Temperatur für die 13 dPa·s zur Verfügung. Diese Temperatur gibt einen Anhaltspunkt über die Empfindlichkeit der Viskosität im Bereich der Transformationstemperatur.

3. $T_{10}{}^{7,6}$°C: Die Temperatur, bei der die Viskosität 7,6 dPa·s beträgt, ist die Erweichungstemperatur. Oberhalb dieser Temperatur wandeln sich die Gläser vom Festkörper zur Flüssigkeit und verformen sich unter Eigengewicht.

2.5.3 Optische Glassorten und ihre kommerziellen Lieferformen

Optical glass types and their commercial delivery forms

Die ersten optischen Glassorten wurden im Übergang vom Mittelalter zur Renaissance entwickelt. Zur Zeit Galileis gab es schon das Kalknatronglas, bei Newton das Kronglas und Ende des 17. Jahrhunderts das Flintglas. Erst 1875 und in den darauffolgenden Jahren erfolgten die nächsten großen Schritte auf dem Gebiet des optischen Glases. Mit dem Schottschen Verfahren zum Gießen von flüssigem Glas in vorgeheizte Formen wurde es möglich, neuartige Gläser mit neuen Dispersionswerten herzustellen. Durch die Beimischung von Bor- und Phosphatsäure in der Glasmenge entstanden weitere neue Glassorten. Die Entwicklung neuer Glassorten wurde fortgeführt, indem die Glasschmelze mit neuen Elementen, La, Th, Zr, Nb, Ta, W, Mo usw., ergänzt wurde und somit moderne Gläser entstanden. Für ihre Charakterisierung werden die Brechzahlen bei drei festgelegten Wellenlängen bzw. Spektrallinien herangezogen. Diese Wellenlängen sind in Tabelle 2.1 zu sehen.

Wellenlänge (nm)	Spektrallinie	Bezeichnung
486,13	Blaue H-Linie	n_F
587,56	Gelbe He-Linie	n_d
656,28	Rote H-Linie	n_C

Tabelle 2.1: **Wellenlängen zur Charakterisierung optischer Gläser [VOGE93, SCHO88]**

Wavelengths for the characterization of optical glasses [VOGE93, SCHO88]

In der Praxis wird die auf die He-Linie bezogene Brechzahl (n_d) verwendet. Sie liegt zwischen 1,4343 und 2,0017. Die Abbesche Zahl (ν_d) wird abgekürzt als Abbezahl bezeichnet und wird gemäß Gleichung 2.5 berechnet [SCHO88].

$$\nu_d = \frac{n_d - 1}{n_F - n_C} \qquad \text{Gl. 2.5}$$

Sie liegt zwischen 20,6 und 95 und nimmt mit steigender Brechzahl ab. Die graphische Darstellung, Brechzahl gegen Abbezahl, wird als Abbe-Diagramm bezeichnet und für die Definition der optischen Lage eines Glases herangezogen.

Nach ihrer optischen Lage werden die Gläser in zwei Gruppen eingeteilt. Solche mit einer Brechzahl bis 1,6 und mit einer Abbezahl (ν) ab 55 werden als Krongläser (K) bezeichnet. Gläser mit einer Brechzahl (n) ab 1,5 und einer Abbezahl (ν) bis 50 sind Flintgläser (F). Innerhalb dieser beiden Hauptgruppen werden sie noch mal nach den grundlegenden Elementen ihrer Zusammensetzung unterteilt. Dann entstehen mehrere Untergruppen, z. B. für die Flintgläser Schwerflint (SF), Leichtflint (LF) oder Barit-Flint (BaF). Diese Gruppen sind in Tabelle 2.2 zusammengefasst.

Flintgläser		Krongläser	
Abkürzung	**Bezeichnung**	**Abkürzung**	**Bezeichnung**
SF	Schwerflint	SK	Schwerkron
LF	Leichtflint	SSK	Schwerstkron
LLF	Doppelleichtflint	BK	Boron-Kron
TiF	Tiefflint	FK	Fluor-Kron
KzF	Kurzflint	PK	Phosphat-Kron
KF	Kron-Flint	PSK	Phosphat-Schwerkron
BaF	Barit-Flint	FPSK	Fluorphosphat-Schwerkron
BaLF	Barit-Leichtflint	LaK:	Lanthan-Kron
BaSF	Barit-Schwerflint	LaSK	Lanthan-Schwerkron
LaF	Lanthan-Flint	BaK	Barit-Kron

Tabelle 2.2: **Aufteilung optischer Gläser nach ihrer Zusammensetzung [SCHO08]**

Classification of optical glasses according to their composition [SCHO08]

Die optischen Lagen der kommerziell erhältlichen Glassorten von drei führenden Herstellern werden in Bild 2.21 aufgeführt. Danach werden Gläser mit ähnlicher Lage von allen Herstellern produziert. Daher stellt bei der Glasauswahl für die Herstellung von Linsen die optische Lage keine Einschränkung dar. Vielmehr wird die Auswahl von den erhältlichen Geometrien bzw. Lieferformen und Oberflächenqualität der Rohlinge eingeschränkt.

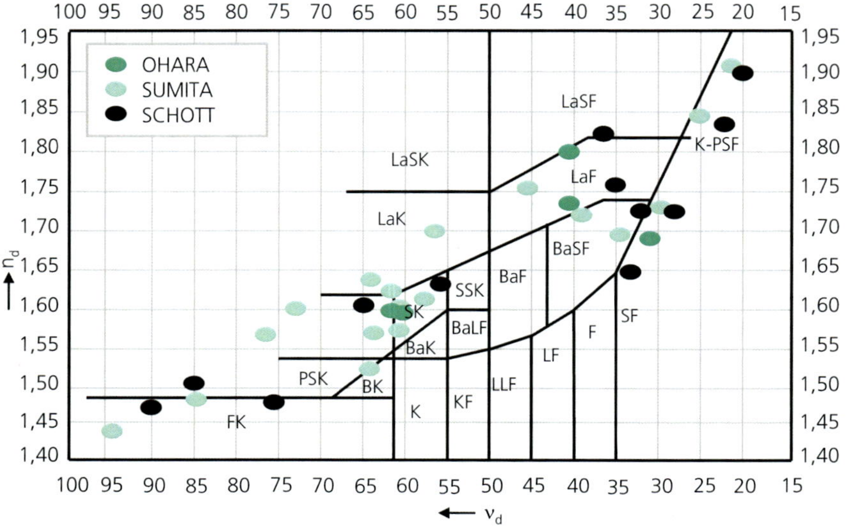

Bild 2.21: **Optische Gläser dargestellt im Abbe-Diagramm [SCHO08, OHAR08, SUMI08]**

Optical glasses presented in Abbe-Diagram [SCHO08, OHAR08, SUMI08]

Die Lieferformen und Oberflächenqualitäten der Rohlinge sind unterschiedlich. Bei Plattenglas sind zwei gegenüberliegende Flächen anpoliert und die übrigen vier Flächen geschliffen. Blockglas hat ebenfalls zwei anpolierte, im übrigen naturblanke oder geschnittene Flächen. Barrenglas und Profilstäbe mit naturblanken Mantelflächen sind auf Länge geschnitten. Diese großvolumigen Lieferformen sind als Rohlinge für das Präzisionsblankpressen nicht geeignet. Sie können aber weiter zu Rohlingen verarbeitet werden, indem sie zu Formen mit kleineren Volumina, z. B. Kugel, zylindrischen Scheiben oder Rundstäben, gesägt und anschließend feuerpoliert werden. Diese werden dann als Rohling verwendet. Weiterhin werden die auch als Glastropfen bezeichneten Gobs und vorgeformte sphärische Presslinge als Rohlinge eingesetzt. Da die Gobs kostengünstig und schnell zu beziehen sind, werden sie am häufigsten verwendet. Allerdings werden derzeit nur bestimmte Glassorten von den Glasherstellern in Form von Gobs angeboten. Die Rohlinge und die durch das Pressen resultierenden Linsenformen sind in Bild 2.22 zu sehen.

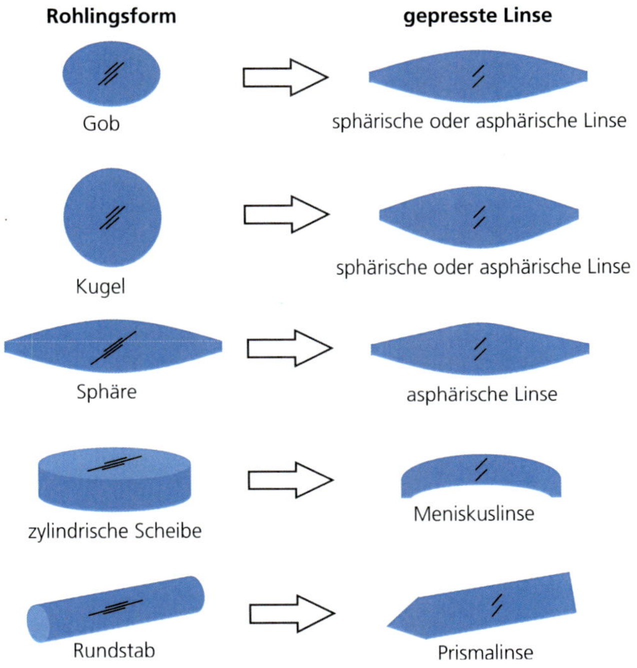

Bild 2.22: Rohlingsformen und Form der gepressten Linsen [KATS05]

Pre-form geometries and forms of molded lenses [KATS05]

2.6 Fazit

Conclusion

Präzisionsblankpressen ist ein Umformverfahren zur Herstellung komplex geformter Glaslinsen. Es wird seit Anfang der 80er Jahre eingesetzt. Seine Bedeutung für die optischen Technologien wächst mit zunehmendem Einsatz von Präzisionsoptiken, die in der Automobilindustrie, der Medizintechnik und vielen weiteren Wachstumsmärkten Einsatz finden.

Bisher werden die Gläser zum Pressen nach ihren optischen Lage, d. h. nach ihrer Brechzahl und Abbezahl, ausgesucht. Hierbei erforderlichen Informationen werden von den Glasherstellern für jedes Glas in einem Datenblatt bereit gestellt. Weiterhin wurden von den Glasherstellern einige Gläser mit niedriger Transformationstemperatur, sogenannte Low-T_g Gläser, entwickelt. Diese Gläser beinhalten niedrig schmelzende Bestandteile wie Na_2O (Natriumoxid) oder Pb_2O_5 (Blei(II)-oxid), wodurch sie sich bei niedrigeren Temperaturen als die üblichen optischen Gläser pressen lassen. Allerdings sind in der Literatur keine Informationen zum Umformverhalten der Gläser hinsichtlich des Pressverfahrens vorhanden. Es fehlen also grundlegende Erkenntnisse über die Pressbarkeit der Gläser und somit auch die Basis für ihre Auswahl für das Präzisionsblankpressen.

Die Formeinsätze für das Präzisionsblankpressen müssen mehrere Herausforderungen erfüllen. In erster Linie müssen sie eine hohe Standzeit aufweisen. Dafür werden zeit- und kostenaufwendige Beschichtungen verwendet. Trotz der Beschichtung treten nach mehreren Presszyklen an der Formeinsatzoberfläche Verschleißerscheinungen auf. Die verschlissenen Formeinsätze müssen dann überarbeitet oder ersetzt werden. Zum Verschleiß der Formeinsätze wurden bisher keine systematischen Untersuchungen durchgeführt. Es existieren zwar Informationen über das Verschleißverhalten einzelner Formeinsatzwerkstoffe, allerdings sind diese nicht für das Verständnis des Formeinsatzverschleißes beim Präzisionsblankpressen ausreichend. Sie erläutern das Verschleißverhalten der Werkstoffe entweder bei höheren Temperaturen ohne Einwirkung der Kraft oder unter der Einwirkung der Kraft bei geringer Temperatur. Für die beim Präzisionsblankpressen übliche Kombination von hoher Temperatur und hoher Kraft sind keine Erkenntnisse vorhanden.

Zusammenfassend ist festzustellen, dass derzeit keine grundlegenden Kenntnisse für die gezielte Auswahl der Werkstoffe für das Präzisionsblankpressen vorhanden sind. Aufgabe dieser Arbeit ist es, diese Kenntnisse wissenschaftlich fundiert zu erarbeiten. Somit können die optimalen Werkstoffe im Vorfeld ausgewählt werden.

3 Aufgabenstellung und Zielsetzung

Task and objectives

Welche Gläser können mit dem Präzisionsblankpressen gepresst werden? Welche Formeinsätze müssen beim Pressen von diesen Gläsern verwendet werden? Diese Fragen sind bis heute immer noch nicht abschließend abgeklärt.

Bisher legen die Hersteller die Glassorte fest, indem sie sie nach den erforderlichen optischen Eigenschaften und möglichst geringen Beschaffungskosten auswählen. Dabei lassen sie den Werkstoff „Glas" aus prozesstechnologischer Sicht außer Acht, obwohl dessen Eigenschaften relevante Einflüsse auf das Verhalten beim Pressen haben. So müssen die Prozessparameter, vor allem Presstemperatur, -kraft und die Position der Formeinsätze an die Glassorte angepasst werden, um die erforderten Abmessungen zu erzielen. Diese Anpassung ist im Allgemeinen zeitaufwendig. Der Zeitaufwand könnte minimiert werden, wenn eine Glassorte mit einem Umformverhalten wie die vorherige ausgewählt wird. Dies ist allerdings nicht möglich, da die für eine gezielte Auswahl der neuen Glassorte erforderlichen Informationen fehlen. Vor allem sind der Einfluss der Glassorte und deren Eigenschaften auf das Umformverhalten unbekannt.

Die Formeinsatzwerkstoffe werden bisher auf Basis von wissenschaftlichen Überlegungen und praktischen Erfahrungen festgelegt. Trotzdem tritt in Abhängigkeit von der Glassorte und des Prozesses nach einer gewissen Anzahl von Presszyklen Verschleiß in der Formeinsatzoberfläche auf. Dieser Verschleiß macht die Überarbeitung oder das Ersetzen des Formeinsatzes erforderlich. Eindeutige Erklärungen zur Ursache des Verschleißes sind in der Literatur jedoch nicht vorhanden.

Zusammenfassend können Glas und Formeinsatzwerkstoff nicht gezielt ausgewählt werden, da das dafür notwendige Grundlagenwissen nicht existiert. Dies stellt für die Optikhersteller eine erhebliche Einschränkung dar. Daher ist die übergeordnete Zielsetzung der vorliegenden Arbeit die Erarbeitung der grundlegenden Erkenntnisse zum Werkstoffverhalten beim Präzisionsblankpressen. Unter dieser übergeordneten Zielsetzung verbergen sich zwei Teilziele. Ein Teilziel ist die Beschreibung des Umformverhaltens von optischen Gläsern. Das zweite Teilziel ist die Klärung der Verschleißmechanismen, die in der Formeinsatz-Glas-Kontaktfläche stattfinden.

Zur Erfüllung dieser Zielsetzung sind mehrere Aufgaben durchzuführen. Einen Überblick gibt das Bild 3.1. Die erste Aufgabenstellung ist das Festlegen der relevanten Werkstoffeigenschaften der Gläser und der Formeinsatzwerkstoffe. Dafür werden im ersten Schritt die in der Literatur vorhandenen Informationen über das Umformverhalten der Gläser nach ihrer Relevanz für das Präzisionsblankpressen analysiert. Anhand dieser Analyse werden die Eigenschaften ausgewählt, die möglicherweise das Umformverhalten beeinflussen. Im zweiten Schritt werden die für den Verschleiß relevanten Eigenschaften sowie das Verschleißverhalten der einzelnen Formeinsatzwerkstoffe erörtert und die Übertragbarkeit dieser Eigenschaften auf den Formeinsatzverschleiß bewertet. Daraus werden die möglichen Verschleißmechanismen der Formeinsätze beim Präzisionsblankpressen abgeleitet.

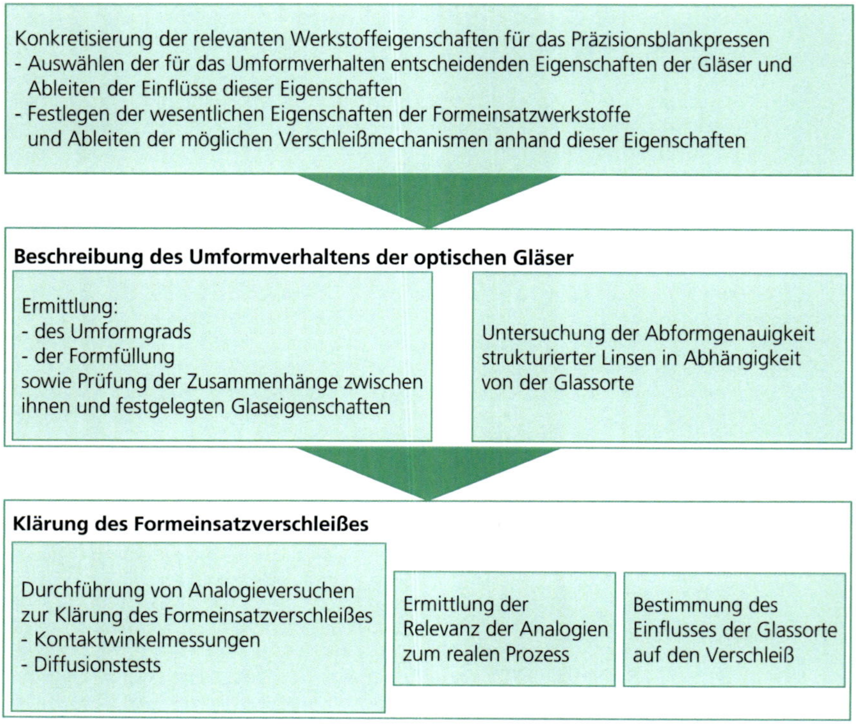

Bild 3.1: **Schematische Darstellung der Aufgabenstellung**

Schematic illustration of tasks

Die zweite Aufgabenstellung befasst sich mit der Beschreibung des Umformverhaltens der optischen Gläser. Dafür werden eine bestimmte Anzahl von Glassorten ausgewählt und

- der Umformgrad,
- die Formfüllung und
- die Abformgenauigkeit

experimentell ermittelt.

Zur Ermittlung des Umformgrads und der Formfüllung werden als erstes Stauchversuche ausgeführt. Im nächsten Schritt werden die Zusammenhänge zwischen den festgelegten Glaseigenschaften und dem Umformgrad sowie der Formfüllung geprüft. Darüber hinaus wird ergänzend zu den Stauchversuchen mittels Raman-Spektroskopie die durch das Stauchen verursachte Strukturänderung der Gläser untersucht. Für die Bestimmung der Abformgenauigkeit werden strukturierte Linsen gepresst und messtechnisch charakterisiert.

Die dritte Aufgabenstellung der Arbeit ist die Klärung der Mechanismen des Formeinsatzverschleißes. Dafür werden folgende drei Schritte durchgeführt:

1. Analogieversuche: Bei diesen Versuchen handelt es sich um Modellversuche des Präzisionsblankpressens, mit denen gezielt relevante Verschleißmechanismen untersucht werden. An dieser Stelle werden zwei unterschiedliche Analogieversuche herangezogen.

    1.1. Zur Ermittlung des von der Adhäsion verursachten Verschleißes werden Kontaktwinkelmessungen ausgeführt.

    1.2. Diffusionstests werden zur Beschreibung der Diffusion der reaktiven Formeinsatz- und Glasbestandteile in der Formeinsatz-Glas-Kontaktfläche durchgeführt. Nach den Diffusionstests werden sowohl die Oberflächen der Formeinsätze als auch der Gläser mittels Rasterelektronenmikroskopie und energiedispersiver Röntgenspektroskopie auf ihre Oberflächenbeschaffenheit und ihrer Zusammensetzung hin analysiert.

2. Die Relevanz der Analogien für das Präzisionsblankpressen wird geprüft, indem die Ergebnisse der Analogieversuche mit dem Verschleiß beim realen Pressprozess verglichen werden.

3. Der Einfluss der Glaszusammensetzung auf den Verschleiß wird untersucht. Dafür werden verschiedene Glassorten mit Formeinsätzen aus demselben Formeinsatzwerkstoff gepresst und die Ausprägung des Verschleißes in Abhängigkeit von der Glassorte verglichen.

Die erarbeiteten Erkenntnisse zum Umformverhalten der optischen Gläser und zum Formeinsatzverschleiß werden im letzten Teil der Arbeit zusammengefasst.

4 Relevante Werkstoffeigenschaften und ihre Einflüsse auf das Präzisionsblankpressen

Relevant material properties and their influences on precision glass molding

Das Verhalten der Gläser und Formeinsätze während des Pressprozesses wird von ihren physikalischen und mechanischen Eigenschaften bestimmt. Die für das Umformverhalten relevanten Eigenschaften der Gläser und die für den Verschleiß relevanten Eigenschaften der Formeinsatzwerkstoffe werden in diesem Kapitel anhand einer Literaturrecherche konkretisiert. Darauf basierend werden zum einen die Einflussfaktoren des Umformverhaltens und zum anderen die Verschleißmechanismen der Formeinsätze abgeleitet.

Zur Konkretisierung der relevanten Glaseigenschaften werden die in der Literatur vorhandenen Informationen über das Umformverhalten der Gläser nach ihrer Relevanz für das Pressen hin analysiert. Anhand dieser Analyse werden eine Anzahl von Eigenschaften festgelegt, die im weiteren Verlauf der Arbeit zur Beschreibung des Umformverhaltens herangezogen werden.

Für die Erläuterung des Verschleißverhaltens der einzelnen Formeinsatzwerkstoffe werden die für den Verschleiß relevanten Eigenschaften dieser Werkstoffe zusammengefasst. Aus dieser Zusammenfassung werden dann die möglichen Verschleißmechanismen der Formeinsätze abgeleitet.

4.1 Einfluss der relevanten Glaseigenschaften auf das Umformverhalten

Influence of the relevant glass properties on the molding behavior

Beim Präzisionsblankpressen werden die Gläser unter Druck und Temperatur umgeformt. Unter Umformen versteht man das plastische Ändern der Form eines festen Körpers unter Beibehaltung seiner Masse. Dementsprechend haben die Gläser nach dem Pressen immer noch ihre Ausgangsmasse aber ihre Form ist verändert. Da das Volumen abnimmt ist eine Verdichtung des Glases die Folge.

Über Verdichtung der Gläser wird in der Literatur berichtet. Nach Scholze wird die Verdichtung durch die Struktur der Gläser gefördert [SCHO88]. Unter Einwirkung eines Drucks lagern sich einzelne Struktureinheiten, d. h. Kationen und Anionen der Oxide so um, dass eine bessere Raumfüllung mit einer höheren Dichte entsteht. Die maximale Verdichtung ist erreicht, wenn die kristallographische Raumfüllung 52% beträgt. Sie steigt mit zunehmender Temperatur und zunehmendem Druck an. Weiterhin hängt sie von der Glaszusammensetzung ab. Als Beispiel, steigt bei 200°C und 30kbar die Verdichtung von reinem Kieselglas von 2,2% bis auf 6,5% an, wenn zum Kieselglas 10 Mol.-% Erdalkalioxid (R_2O) beigefügt werden. Dieser Effekt ist nach Uhlmann mit dem Einfluss der Alkalioxide auf die Glasstruktur zu erklären. Demnach wird die Verdichtung mit zunehmendem Alkalioxidgehalt größer, da die Alkalien die Beweglichkeit des Glasnetzwerks erhöhen. Eine Einschränkung für die Zunahme der möglichen Verdichtung stellen aber die weniger beweglichen Bestandteile der Gläser, die Glasnetzwerkbildner, dar [UHLM74]. Wenn diese Erkenntnisse auf das Umformverhalten der Gläser übertragen werden, ist ein Einfluss der Zusammensetzung auf das Umformverhalten zu erwarten. Gläser mit höherem Alkaligehalt, bzw. Netwerkwandleranteil, sollten sich besser verdichten bzw. pressen lassen als die Gläser mit weniger Netzwerkwandleranteil.

Bei der Untersuchung der Abhängigkeit des Umformverhaltens von den Glaseigenschaften, ist daher die Glaszusammensetzung die erste zu prüfende Kenngröße. Hierbei wird die Glaszusammensetzung auf ihre einzelnen Bestandteile aufgeteilt, indem die Oxide in bestimmte Gruppen eingeteilt werden. Darauf aufbauend wird der Einfluss der einzelnen Gruppen auf das Umformverhalten bestimmt. Die Einteilung wird im Rahmen der vorliegenden Arbeit auf zwei

Wegen erfolgen. Zum einen werden die Oxide nach Dietzels Modell als Netzwerkbildner, Netzwerkwandler und Zwischenoxide und zum anderen nach der Valenz bzw. Wertigkeit ihrer Kationen eingeteilt.

Eine weitere zu prüfende Kenngröße ist die Kompressibilität (κ), die der Kehrwert des Kompressionsmoduls ist. Der Kompressionsmodul (*K*) gibt an, welcher Druck Δp notwendig ist, um eine reversible Volumenänderung $\Delta V/V_0$ zu bewirken (Gl. 4.1) [RÖSL06, DOBR06]. In der Abkühlphase des Pressprozesses hält die Krafteinwirkung bis zu Temperaturen an, bei denen eine Verformung des Glases durch die hohe Viskosität unterbunden ist. Daher ist eine irreversible Änderung des Volumens denkbar.

$$K = -\frac{V_0 \cdot \Delta p}{\Delta V} \qquad \textbf{Gl. 4.1}$$

Die Kompressibilität (κ) wird aus der Gleichung 4.1 folgendermaßen abgeleitet (Gl. 4.2):

$$\kappa = -\frac{\Delta V}{V_0 \cdot \Delta p} \qquad \textbf{Gl. 4.2}$$

Wenn Gläser mit gleichem Volumen mit der gleichen Druckkraft zusammengedrückt bzw. gepresst werden, gilt:

$$\kappa \approx \Delta V \qquad \textbf{Gl. 4.3}$$

Nach dieser Gleichung sollten Gläser mit einer höheren Kompressibilität nach dem Pressen unter gleichen Bedingungen eine höhere Volumenänderung als die Gläser mit niedrigerer Kompressibilität zeigen.

Wie die Viskosität ist auch die Kompressibilität eine Glaseigenschaft, die von der Glaszusammensetzung abhängt. Das nur aus SiO_2-Tetraedern aufgebaute Kieselglas beispielsweise besitzt eine offene Struktur mit Hohlräumen, die ausschlaggebend für seine hohe Kompressibilität sind. Mit steigendem Anteil von Netzwerkwandlern sinkt die Kompressibilität, dieser Effekt ist bei Boratgläsern stärker ausgeprägt als bei Silikatgläsern [SCHO88].

Neben der Zusammensetzung und der Kompressibilität wird der Zusammenhang zwischen dem Umformverhalten und dem thermischen Ausdehnungskoeffizienten der Gläser bestimmt. Die thermische Ausdehnung beschreibt sowohl die Größenänderung des Glases während des Aufheizens als auch die Schwindung während des Abkühlens. Der vermutete Einfluss auf das Umformverhalten ist in Bild 4.1 schematisch dargestellt und resultiert aus folgender Herleitung:

Die Länge nach dem Aufheizen (l_1) ergibt sich zu:

$$l_1 = (1+\alpha \cdot \Delta T) \cdot l_0 \qquad \textbf{Gl. 4.4}$$

Unter Berücksichtigung der Verformung d und der Abkühlung folgt:

$$l_2 = \frac{(1+\alpha \cdot \Delta T) \cdot l_0 - d}{(1+\alpha \cdot \Delta T)} = l_0 - \frac{d}{(1+\alpha \cdot \Delta T)} \qquad \textbf{Gl. 4.5}$$

$$\varphi = \ln \frac{l_2}{l_0} \qquad \textbf{Gl. 4.6}$$

Aus Gleichung 4.5 wird ersichtlich, dass die Länge nach dem Abkühlen (l_2) größer wird, je größer der thermische Ausdehnungskoeffizient α ist. Unter Berücksichtigung der Definition des Umformgrades in Gleichung 4.6 folgt dann, dass Gläser mit relativ hohem thermischen Ausdehnungskoeffizienten einen geringeren Umformgrad aufweisen und sich somit schlechter umformen lassen.

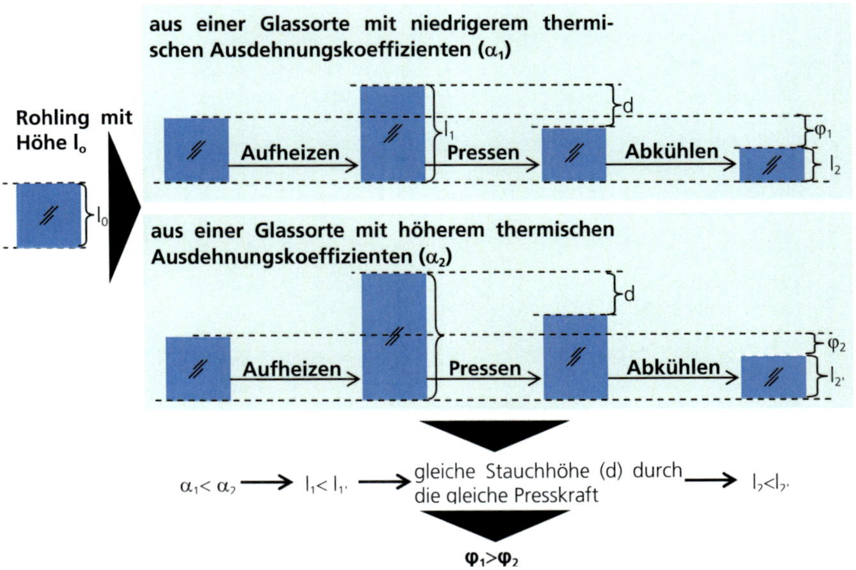

Bild 4.1: **Möglicher Einfluss der thermischen Ausdehnung auf das Umformverhalten**

Possible influence of the coefficient of thermal expansion on the molding behavior

Zusammengefasst hängt das Umformverhalten der Gläser von drei Eigenschaften ab: ihrer Zusammensetzung, der Kompressibilität und dem thermischen Ausdehnungskoeffizienten (Bild 4.2). Ob die vermuteten Zusammenhänge zwischen ihnen und dem Umformverhalten richtig sind, wird bei den Untersuchungen zum Umformverhalten geprüft.

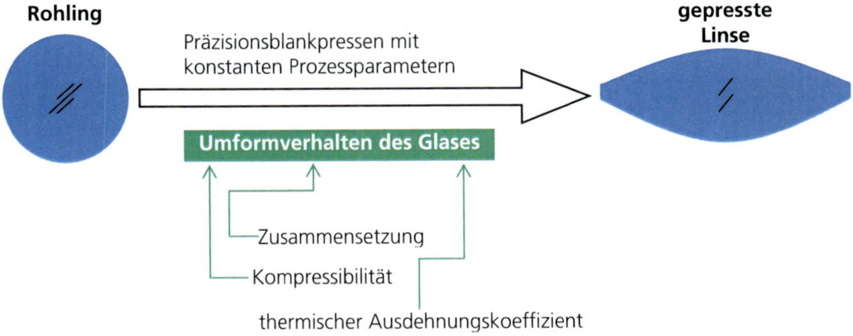

Bild 4.2: **Für das Umformverhalten relevante Glaseigenschaften**

For the molding behavior relevant glass properties

4.2 Für den Verschleiß relevante Eigenschaften der Formeinsatzwerkstoffe und ihre Folgen auf den Verschleiß

For wear relevant properties of insert materials and their effects on wear

Die Literaturrecherche zum Verschleiß des Formeinsatzes hat gezeigt, dass keine Informationen zur Verfügung stehen, die den speziellen Anwendungsfall des Präzisionsblankpressens betreffen oder auf ihn übertragen werden können. Deshalb sind praktische Untersuchungen mit den Formeinsätzen erforderlich. Hierbei werden dem Stand der Erkenntnisse entsprechend Formeinsätze aus heißisostatisch gepresstem Siliziumnitrid (HIP-Si_3N_4), Glaskohlenstoff (GC) und Hartmetall mit Co-Binder (WC-Co) verwendet.

Aus diesen drei Werkstoffen werden folgende Sorten ausgewählt:

- Heißisostatisch gepresstes Siliziumnitrid (HIP-Si_3N_4): Es werden Siliziumnitrid-Formeinsätze aus StarCeram N8000 von H.C. Starck verwendet. Das wesentliche Merkmal dieses Werkstoffs ist seine Reinheit mit mehr als 99%. Aufgrund der hohen Reinheit hat er eine relativ hohe Härte und kann bei hohen Temperaturen eingesetzt werden.
- Glaskohlenstoff: Als Glaskohlenstoff wird die Sorte Sigradur G von HTW Hochtemperatur-Werkstoffe ausgewählt. Er hat fast 100% Reinheit und eine maximale Einsatztemperatur unter Vakuum oder Inertgas bis 3000°C.
- Hartmetall (WC-Co): Formeinsätze aus drei unterschiedlichen Sorten werden untersucht:
    1. J05: Ist eine Hartmetallsorte vom japanischen Hersteller Fuji-Die mit über 2,5 Gew.-% Co-Binder.
    2. CTU05E: Diese Hartmetallsorte der Firma Ceratizit verfügt über 2,4 Gew.-% Co-Binder.
    3. CTN01L: Diese Hartmetallsorte ist ebenfalls von Ceratizit. Sie hat weniger als 0,4 Gew.-% Co-Binder und wird damit als binderarm bezeichnet.

In Tabelle 4.1 werden die Herstellerangaben bzgl. mechanischen und physikalischen Eigenschaften der verwendeten Formeinsatzwerkstoffe aufgeführt.

	HIP-Si_3N_4	**GC**	**WC-Co**		
			J05	**CTU05E**	**CTN01L**
Dichte [g/cm^3]	>3,23	1,42	14,65	15,25	15,75
Wärmeleitfähigkeit [W/mK]	25	6,3	63	90	100
thermischer Ausdehnungskoeffizient (RT-800) [x10^{-6}K^{-1}]	3,4	2,6	5,5	4,6	3,9
Härte [HV30]	1540	480	2150	2300	2825
max. Einsatztemperatur [°C]	1200	3000	<1000	<1000	<1000

Tabelle 4.1: Wesentliche Eigenschaften der Formeinsatzwerkstoffe [HCST07, HTWW08, FUJI06, CERA07]

Essential properties of inserts materials [HCST07, HTWW08, FUJI06, CERA07]

Für eine hohe Standzeit müssen die Formeinsätze in erster Linie aus Werkstoffen mit hoher Verschleißfestigkeit angefertigt werden. Neben dem Widerstand gegen mechanischen Verschleiß wird darunter im Fall des Präzisionsblankpressens eine hohe Korrosionsbeständigkeit und Oxidationsbeständigkeit verstanden. Von den Formeinsatzwerkstoffen wird hohe Korrosionsbeständigkeit erwartet, damit sie im Kontakt mit dem heißen Glas nicht angegriffen werden. Die Oxidationsbeständigkeit ist erwünscht, damit der Formeinsatz nicht oxidiert und seine anfängliche polierte Oberflächenqualität auch nach mehreren Presszyklen behält. Folglich ist der Verschleißwiderstand der Formeinsatzwerkstoffe bei ihrer Auswahl ausschlaggebend. Über den Verschleißwiderstand der Werkstoffe geben

- Verschleißfestigkeit,
- Oxidationsbeständigkeit und
- Korrosionsbeständigkeit.

allgemeine Anhaltspunkte. Im Folgenden werden die in der Literatur zu diesen Eigenschaften vorhandenen Informationen der verwendeten Formeinsatzwerkstoffe zusammengefasst.

Heißisostatisch gepresstes Siliziumnitrid (HIP-Si_3N_4)

Heißisostatisch gepresstes Siliziumnitrid (HIP-Si_3N_4) oxidiert mit zwei unterschiedlichen Mechanismen. Diese Mechanismen werden vom Sauerstoffgehalt in der Umgebung bestimmt. Unter hohem Sauerstoffpartialdruck kommt passive Oxidation mit der Oxidationsschicht Siliziumoxid (SiO_2) zustande. Dieses Siliziumoxid (SiO_2) agiert wie eine Schutzschicht und verhindert weitere Oxidation der Oberfläche (Gl. 4.7). Unter niedrigem Sauerstoffpartialdruck kommt aktive Oxidation zustande. Die Oxidationsschicht bei der aktiven Oxidation besteht aus Siliziummonoxid (SiO), das bei Raumtemperatur metastabil ist (Gl. 4.8). Über etwa 400°C disproportioniert es in Silizium (Si) und Siliziumoxid (SiO_2). Das Silizium (Si) und Siliziumoxid (SiO_2) führen dazu, dass die Oberflächeneigenschaften von denen vom reinen heißisostatisch gepressten Siliziumnitrid (HIP-Si_3N_4) abweichen. Je nach dem Oxidationsanteil beherrschen in der Oberfläche Merkmale des Siliziums, unter anderem die geringe Oxidationsbeständigkeit.

$$Si_3N_4 + 3O_2 \rightarrow 3SiO_2 + 2N_2 \qquad \textbf{Gl. 4.7}$$

$$Si_3N_4 + \frac{3}{2}O_2 \rightarrow 3SiO + 2N_2 \qquad \textbf{Gl. 4.8}$$

Neben dem freien Silizium wird die Oxidation von Sinteradditiven, Magnesiumoxid (MgO) und Yttriumoxid (Y_2O_3) beeinflusst. Sie setzen die Oxidationstemperatur des heißisostatisch gepressten Siliziumnitrids (HIP-Si_3N_4) drastisch von 1450°C auf 1000°C herab [MCCA04].

Im Gegensatz zu seiner mäßigen Oxidationsbeständigkeit hat Siliziumnitrid (HIP-Si_3N_4) eine relativ hohe Korrosionsbeständigkeit. So ist es gegen die Silikatlösungen bzw. geschmolzenen Gläser äußerst beständig. In der Literatur sind nur Hinweise über den Angriff durch Magnesium-(Mg) und Stickstoffhaltigen (N_2) Glasschmelzen zu finden. Diese Gläser verursachen ab 1300°C den Zerfall des Siliziumnitrids (Si_3N_4) und die Bildung unterschiedlicher Silizium-Stickstoff-Sauerstoff-Verbindungen [MCCA04, CZIC92, RICH92].

Weiterhin besitzt es bei Raumtemperatur eine niedrige Adhäsionsneigung. Dies ist auf seine kovalente Bindungsart zurückzuführen. Die kovalent gebundenen Atome haben eine geringe Beweglichkeit. Mit zunehmender Temperatur jedoch nimmt ihre Beweglichkeit und somit auch die von Adhäsion verursachte Verschleißanfälligkeit zu [CZIC92, RICH92].

Glaskohlenstoff (GC)

Glaskohlenstoff findet wegen seiner hohen Temperaturbeständigkeit beim Pressen von Quarzglas Anwendung. Über seine Verschleißfestigkeit und Oxidationsbeständigkeit sind nur begrenzte Informationen zu finden. Es wird lediglich darauf hingewiesen, dass Glaskohlenstoff ab 500°C wie die üblichen Kohlenstoffwerkstoffe oxidiert. Die Untersuchungen von Yamada und Hiroshi geben Hinweise auf die geringe Oxidationsgeschwindigkeit des Glaskohlenstoffs [YAMA62]. Sie haben die Oxidationsneigung von unterschiedlichen Graphitsorten und dem

Glaskohlenstoff bei 800°C untersucht. Hierbei haben sie Grafit- und Glaskohlenstoffproben einer Stickstoff-Sauerstoff-Gasmischung (N_2/O_2 81/19 Vol.-%) mit 0,5 l/min Durchfluss ausgesetzt. Nach 205 Stunden war 70 Prozent der Glaskohlenstoffoberfläche oxidiert. Dagegen oxidierte 70 Prozent der Oberfläche des Graphits schon nach 68 Stunden. Die gesamte Oberfläche des Glaskohlenstoffs oxidierte erst nach 365 Stunden [YAMA62, HARR04, BÖDE82].

Nach der Literatur ist Glaskohlenstoff äußerst korrosionsbeständig. Er wird ab 600°C nur von stark oxidierend wirkenden Reagenzien langsam und von starken Säuren sowie Laugen überhaupt nicht angegriffen [HTWW08, BÖDE82].

Hartmetall (WC-Co)

Ein Merkmal des Hartmetalls ist seine Neigung zur Oxidation. Die durch Oxidation verursachte Gewichtszunahme eines WC-%6Co Hartmetalls wird in Bild 4.3 in Abhängigkeit von der Zeit dargestellt. Dieses Bild verdeutlicht den Einfluss des Sauerstoffgehalts und der Temperatur auf seine Oxidation. Der oxidierte Oberflächenanteil nimmt mit zunehmendem Sauerstoffgehalt und zunehmender Temperatur zu. Ab 600 °C ist mit Oxidation zu rechnen. Eindeutige Erkenntnisse über den minimalen Sauerstoffgehalt der Umgebungsluft, der zur Oxidation führt, sind in der Literatur nicht zu finden. Neben dem Sauerstoffgehalt und der Temperatur ist der Sauerstoffdurchfluss für die Oxidation entscheidend. Mit zunehmendem Sauerstoffdurchfluss nimmt die Oxidationsgeschwindigkeit zu [BASU96, UPAD98].

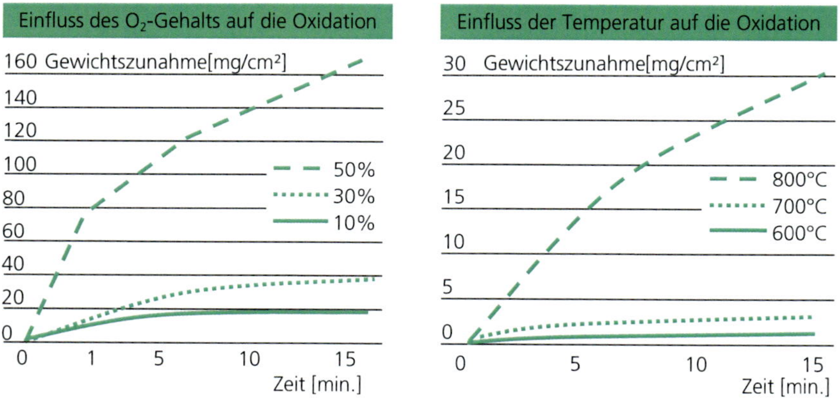

Bild 4.3: **Einfluss des Sauerstoffgehalts der Umgebungsluft und der Temperatur auf die Oxidation des WC-%6Co [BASU96]**

Influence of oxygen content of ambient air measurement and temperature on the Oxidation of WC-%6Co [BASU96]

Das Verschleißverhalten des Hartmetalls hängt stark von seiner Zusammensetzung ab. Der Einfluss des Kobaltgehalts wird im Bild 4.4 dargestellt. Das Bild zeigt, dass mit steigendem Co-Gehalt der Druckfestigkeit abnimmt, was mit einer Vergrößerung des Abstandes zwischen den harten Wolframkarbidkörnern erklärt werden kann. Infolge der Abnahme der Druckfestigkeit nimmt der Verschleiß zu [SCHE88]. Über die Korrosionsbeständigkeit des Hartmetalls ist bekannt, dass die Co-Binderphase des Hartmetalls von Säuren stark angegriffen wird. Dies führt zur Korrosion. Bei fortgeschrittenen Stadien besteht WC-Co nur aus einem WC-Skelett ohne Co-Binderphase [HUMA96, MASU88].

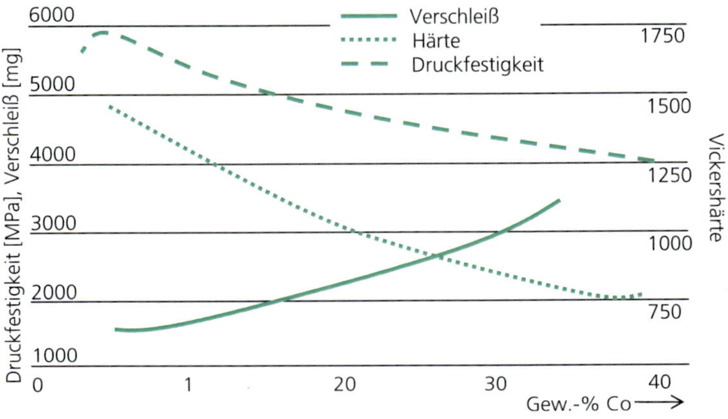

Bild 4.4: **Härte, Druckfestigkeit und Verschleiß von WC-Co in Abhängigkeit von dem Kobaltgehalt [SCHE88]**

Hardness, compression strength and wear of WC-Co depending on cobalt content [SCHE88]

Fazit zu den relevanten Eigenschaften der Formeinsatzwerkstoffe

Die in der Literatur vorhanden Informationen über das Oxidations-, Korrosions- und Verschleißverhalten der ausgewählten Formeinsatzwerkstoffe werden in Tabelle 4.2 zusammengefasst:

	HIP-Si_3N_4	GC	WC-Co
Oxidation	• ab 1000°C • stark abhängig von der Zusammensetzung	• ab 500°C • sehr geringe Oxidationsgeschwindigkeit	• ab 600°C • stark abhängig von dem Sauerstoffgehalt und -durchfluss
Korrosion	• nur der Angriff durch Mg-Si-O-N-haltige Glasschmelzen bekannt	• ab 600°C und nur in Anwesenheit von stark oxidierend wirkenden Reagenzien	• durch den Angriff von Säuren • steigt mit zunehmendem Co-Anteil
Verschleiß	• verschleißfest	• keine Informationen vorhanden	• stark abhängig von der Zusammensetzung

Tabelle 4.2: **Für die Standzeit relevante Eigenschaften der verwendeten Formeinsatzwerkstoffe**

For the life time relevant properties of used insert materials

Aufgrund dieser Informationen können die Verschleißerscheinungen bei Hartmetallformeinsätzen auf folgende Ursachen zurückgeführt werden:

1. Oxidation: Mehrere Gläser werden bei Temperaturen oberhalb 600°C gepresst, somit ist eine Oxidation des Hartmetalls möglich.

2. Korrosion durch Ätzen: Die Binderphase des Hartmetalls wird von Säuren angegriffen und geätzt. Es wird vermutet, dass einige Glasbestandteile wie Säuren wirken und somit die Formeinsatzoberfläche ätzen.

Im Gegensatz zum Hartmetall ist die Oxidation des Siliziumnitrids während des Pressprozesses ausgeschlossen, weil eine Oxidation dieses Werkstoffes erst ab 1000°C stattfindet. Wegen der Affinität des Sauerstoffs (O_2) im Glas zum Silizium (Si) des Siliziumnitrids wird Adhäsion als

Ursache des Verschleißes vermutet. Zwischen der Formeinsatz- und Glasoberfläche bzw. in der Kontaktfläche (Bild 4.5) herrschen hohe Adhäsionskräfte. Durch sie sind Glasreste, die nach dem Presszyklus an der Formeinsatzoberfläche zurückbleiben, zu erklären. Nach Kluge treten die durch Adhäsion verursachten Anhaftungen erst nach Unterschreitung einer Oberflächenviskosität des Glases in Höhe von $10^{8,25}$ Pa·s auf. Nach Rieser ist hingegen ein Wert von $10^{8,8}$ Pa s für die Anhaftung erforderlich [KLUG88, RIES04].

Da ab 500°C und bei der Anwesenheit von Sauerstoff Oxidation stattfindet, wird bei Glaskohlenstoff-Formeinsätzen durch die Oxidation verursachter Verschleiß erwartet. Außerdem wird wegen der hohen chemischen Affinität des Sauerstoffs zum Kohlenstoff auch Adhäsion vermut et.

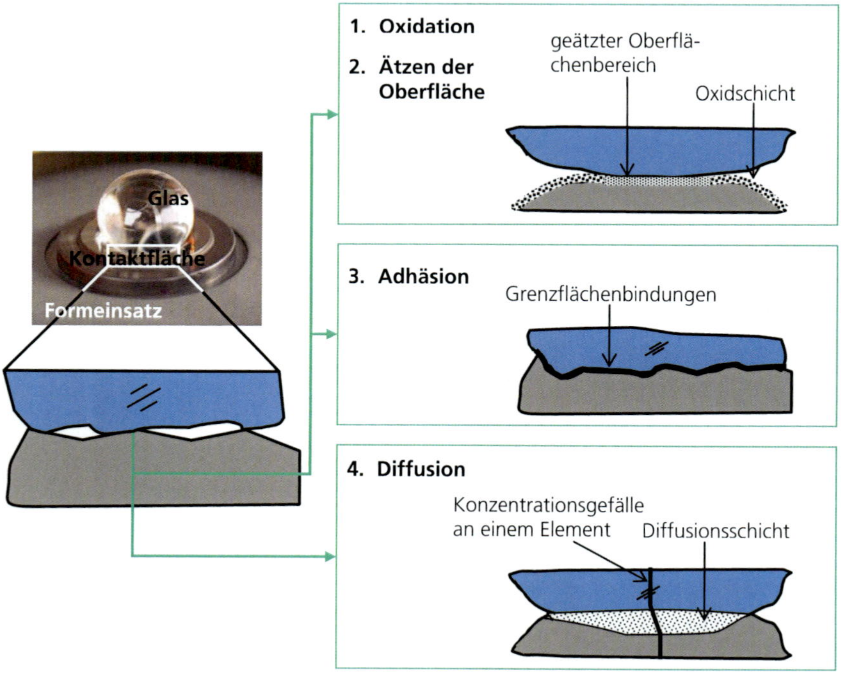

Bild 4.5: **Verschleißmechanismen der Formeinsätze schematisch dargestellt**

Wear mechanisms of inserts schematically presented

Neben den werkstoffspezifischen Verschleißursachen der Formeinsätze ist auch mit einem Einfluss der Gläser selbst zu rechnen. Es wird vermutet, dass die reaktiven Bestandteile des Glases in die Formeinsatzoberfläche diffundieren. Insbesondere wird den niedrig-schmelzenden Bestandteilen wie Natrium (Na) und Antimon (Sb) eine hohe Diffusionsfreudigkeit zugeschrieben.

Zusammenfassend sind in Abhängigkeit von den Formeinsatzwerkstoffen vier unterschiedliche Verschleißmechanismen zu prüfen. Diese sind Oxidation, Ätzen, Adhäsion und Diffusion. Sie werden in Bild 4.5 schematisch dargestellt und werden im weiteren Verlauf der Arbeit untersucht. Hierfür werden sowohl Analogieversuche als auch reale Pressversuche durchgeführt.

5 Untersuchungen zum Umformverhalten der optischen Gläser

Analysis of the molding behavior of optical glasses

Wie in Abschnitt 2.3.3 dargestellt, ist das Präzisionsblankpressen den Umformverfahren zuzuordnen. Das heißt, es findet eine bildsame Formgebung des Glases aufgrund einer hohen mechanischen Belastung statt. In diesem Kapitel wird nun das Umformverhalten der optischen Gläser erforscht. Dabei wird die Formänderung des Glases betrachtet, die sich über den gesamten Prozessverlauf ergibt. In Abschnitt 4.1 wurden bereits relevante Glaseigenschaften diskutiert, die einen Einfluss auf das Umformverhalten haben könnten und als Kenngrößen für das Umformverhalten in Frage kommen.

Um die Relevanz dieser Kenngrößen zu bestimmen, werden drei Bewertungskriterien für das Umformverhalten definiert, anhand derer der Einfluss der relevanten Glaseigenschaften in systematischen Versuchen ermittelt wird. Diese Kriterien werden im Folgenden näher definiert und erläutert:

- Umformgrad: Der Umformgrad ist das durch Pressen verursachte Stauchen bzw. die Höhenänderung der Gläser. Er wird aus der Geometrie der Glasproben vor Einlegen und nach Entnahme aus der Pressmaschine berechnet. Zur Ermittlung des Umformgrads und der Formfüllung werden Stauchversuche durchgeführt. Im Anschluss werden die Zusammenhänge zwischen den ausgesuchten Glaseigenschaften und dem Umformgrad geprüft

- Formfüllung: Mit der Formfüllung wird die Fähigkeit des Glases bezeichnet, während des Pressens einen Hohlraum im Formeinsatz zu füllen. Durch Stauchversuche mit Formeinsätzen, die eine zylindrische Kavität besitzen, wird das Formfüllverhalten in Abhängigkeit der festgelegten Kenngrößen bestimmt.

- Abformgenauigkeit: Unter der Abformgenauigkeit wird die Konturgenauigkeit der gepressten Linse im Vergleich zum Formeinsatz verstanden. Sie ist als Quotient der Querschnittsfläche der im Glas abgeformten Struktur und der Struktur im Formeinsatz definiert. In Versuchen werden unterschiedlich strukturierte Linsen gepresst, messtechnisch charakterisiert. Abschließend wird ihre Abformgenauigkeit bewertet.

5.1 Umformgrad in Abhängigkeit von der Glaszusammensetzung und den Glaseigenschaften

Deformation degree depending on the glass composition and properties

In diesem Kapitel werden als erstes die für die experimentellen Untersuchungen ausgewählten Glassorten und die Bestimmung ihrer Zusammensetzungen vorgestellt. Außerdem werden die durchgeführten Stauchversuche erläutert. Weiterhin werden die an den Rohlingen und den gestauchten Gläsern aufgenommenen Raman-Spektren erläutert und ihre Ergebnisse diskutiert. Abschließend werden die festgestellten Zusammenhänge zwischen Umformgrad und Glaseigenschaften abgeleitet sowie erläutert.

5.1.1 Ausgewählte Glassorten und Bestimmung ihrer Zusammensetzung

Selected glass types and determination of their composition

Zur experimentellen Bestimmung des Umformgrads wurden Stauchversuche mit sechs unterschiedlichen Glassorten durchgeführt. Die Glassorten, FK51, F2, N-PK52A, SF10, N-BAF51 und N-LAK9 von der Schott AG, wurden nach ihren Zusammensetzungen ausgewählt. Jede von ihnen lässt sich einer anderen Gruppe der optischen Gläser zuordnen. Die Aufteilung der optischen Gläser nach ihrer optischen Eigenschaften wurde bereits in Kapitel 2.5.3 vorgestellt. Einen Überblick über sie gibt Tabelle 2.2 auf Seite 25.

Die genauen Zusammensetzungen der optischen Gläser werden vom Hersteller nicht zur Verfügung gestellt. Lediglich ihre relativ grobe Zusammensetzungen sind in den Sicherheitsblättern (MSDS) zu finden. Hierbei werden die Gewichtsanteile der einzelnen Oxide wie folgt angegeben:

- mehr als 10 Gew.-%
- zwischen 1 und 10 Gew.-%
- weniger als 1 Gew.-%

Da für die Auswertung der durchgeführten Versuche genauere Angaben über die Zusammensetzung der Gläser erforderlich waren, wurden die ausgewählten Gläser am Institut für Gesteinshüttenkunde (GHI) der RWTH analysiert. Bei den Analysen wurden die Glasproben nach der DIN 52340 präpariert und anschließend mit folgenden drei Verfahren ihre Zusammensetzung bestimmt:

1. Röntgenfluoreszenzanalyse (XRF): Die Elemente mit hoher Atommasse, d. h. die Elemente außer Bor (B) und Beryllium (Be), wurden mittels XRF analysiert. Dabei kam das XRF-Spektrometer PW2404 von Panalytical AG zum Einsatz. Die Nachweisgrenze des PW2404 liegt etwa bei einem Mikrogramm pro Gramm bzw. bei einem ppm.

2. Hochleistungs-Flüssigkeitschromatografie (HPLC): Mit diesem Verfahren wurden die Elemente mit niedriger Atommasse, z. B. Bor (B) und Fluor (F), analysiert. Dabei wurde der Ion-Chromatograph IC690 von Metrohm GmbH & Co. KG verwendet. Die Nachweisgrenze des IC690 liegt im ppt-Bereich.

3. ICP-Atomspektroskopie (ICP-MS): Die Elemente mit weniger als 0,1 Gew.-% wurden mit diesem Verfahren bestimmt. Dabei kam das ICP-Spektrometer Plasma 2000 von Perkin Elmer-Emission Inc. zum Einsatz. Die Nachweisgrenze des Plasma 2000 liegt ebenfalls im ppt-Bereich.

Die bestimmten Zusammensetzungen der Gläser sind in Tabelle 5.1 zusammengefasst:

	Glassorte					
	N-FK51	**F2**	**N-PK52A**	**SF10**	**N-BAF51**	**N-LAK9**
Li_2O	1,70					
Na_2O	0,27	3,22	0,18		9,18	2,50
K_2O	0,27	2,67			1,11	
MgO	2,20		3,45	1,37		0,80
CaO	6,50		6,98		8,98	14,00
SrO	11,00	0,53	16,88		0,08	
BaO	10,50	0,11	12,85	0,05	28,6	2,50
ZnO					6,23	0,70
PbO		50,90		60,40		
B_2O_3						37,80
Al_2O_3	18,10	0,12	11,18	0,10	0,55	
La_2O_3	1,00					33,50
Y_2O_3						0,60
Sb_2O_3					0,14	
SiO_2		42,45		36,52	31,11	7,60
TiO_2				1,56	6,70	
ZrO_2	3,40		1,98		7,32	
P_2O_5	14,32		18,80			
F_2	30,74		27,70			

Tabelle 5.1: Zusammensetzung [Gew.-%] der ausgewählten Gläser

Composition [weight %] of chosen glasses

5.1.2 Durchführung der Stauchversuche

Carrying out of the molding tests

Nach der Analyse der Glaszusammensetzungen wurden in der Toshiba GMP-207HVCE Pressmaschine Stauchversuche durchgeführt. Hierbei wurde zunächst die plane Glasprobe mit Isopropanol gereinigt und in kaltem Zustand in die Presseinheit eingelegt. Danach wurde die Presskammer zur Vermeidung von Oxidation des Formeinsatzes evakuiert und mit Stickstoff gespült. Anschließend wurden die Glasprobe und die Formeinsätze mit Infrarotstrahlern bis auf die Presstemperatur aufgeheizt. Bei dieser Temperatur wurde die Presskammer eine bestimmte Zeit lang gehalten. Das Anhalten bei der Presstemperatur wird als Homogenisieren bezeichnet und wird durchgeführt, um die Formeinsatz-, Glas- und Umgebungstemperatur aneinander anzugleichen sowie eine homogene Temperaturverteilung innerhalb des Glasbauteils zu erreichen. In der nächsten Prozessphase, beim Pressen, wurde die Glasprobe unter konstanter Presskraft gestaucht. Dann wurde die bereits gestauchte Glasprobe mit Stickstoff abgekühlt und abschließend der Presskammer entnommen.

Die bei den Stauchversuchen verwendeten Glasproben waren Rundscheiben mit einem Durchmesser von 10± 0,1 mm und einer Höhe von 5± 0,1 mm. Ihre beiden planen Oberflächen waren optisch poliert.

Der plane Formeinsatz war aus Hartmetall. Er hatte einen Durchmesser von 30 mm und eine Höhe von 10 mm. Die Presskraft (P1) betrug 4 kN und die Presszeit (PT1) war 60 s. Die Ausgangsposition (Z1) und die Endposition (Z2) des unteren Formeinsatzes wurden mit 60 und 63 mm eingestellt, sodass eine maximale Stauchung von 3 mm möglich war. Als Presstemperatur (T1) wurde die Temperatur angesetzt, bei der die Viskosität $10^{8,5}$ dPa·s beträgt. Diese Temperaturen wurden den Vogel-Fulcher-Tamman-Diagrammen der jeweiligen Glassorte entnommen.

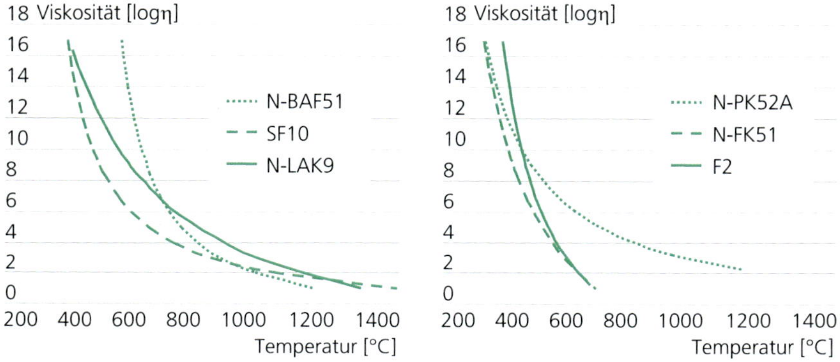

Bild 5.1: **VFT-Diagramme der ausgewählten Gläser [SCHO06]**

VFT diagrams of the selected glasses [SCHO06]

Die Presstemperaturen der einzelnen Gläser sind in Tabelle 5.2 zusammengefasst.

Glassorte	N-FK51	F2	N-PK52A	SF10	N-BAF51	N-LAK9
Presstemperatur [°C]	474	536	515	530	697	653

Tabelle 5.2 **Presstemperaturen der ausgewählten Glassorten**

Molding temperature of the selected glass types

Nach dem Stauchen wurden die Gläser bis 220°C (T3) mit einer Geschwindigkeit von 10°C/s. abgekühlt. Von 220°C (T4) bis zur Raumtemperatur wurde unkontrolliert abgekühlt. Die Nachpresskraft war während der gesamten Abkühlphase 0,2 kN. Abschließend wurde der Umformgrad der Gläser gemäß Gleichung 5.1 bestimmt. Hierbei ist l_1 die Höhe einer Glasprobe nach dem Stauchen und l_0 die Ausgangshöhe.

$$\varphi = \int_{l_0}^{l_1} \frac{dl}{l} = \ln \frac{l_1}{l_0} \qquad \text{Gl. 5.1}$$

5.1.3 Umformgrad in Abhängigkeit von den Glasbestandteilen, eingeteilt nach dem Dietzels Modell

Deformation degree depending on the glass components classified according to Dietzels Model

Nach den Stauchversuchen wurde gemäß Gleichung 5.1 der Umformgrad bestimmt. Hierbei wurde festgestellt, dass die Gläser trotz der gleichen Prozessparameter und Pressviskosität unterschiedliche Umformgrade hatten bzw. sich unterschiedlich stauchen ließen. In Bild 5.2 sind die gemittelten Umformgradwerte der Gläser bei 50 Stauchzyklen zu sehen. Dieses Bild verdeutlicht, dass N-BAF51 mit einem Wert von 0,72 den höchsten Umformgrad zeigt. Am wenigsten lässt sich N-FK51 mit φ=0,02 umformen.

Prozessparameter:

- P1 = 4 kN
- PT1 = 60 s
- T1 = $T_{10}^{8,5}$°C
- T3 = 220°C
- ST1 = 60 s
- ST2 = 360 s
- T4 = 180°C
- Z1 = 60 mm
- Z2 = 63 mm

Formeinsatz:

- Hartmetall CTU05
- Durchmesser = 30 mm
  Höhe = 10 mm

Glasrohling:

- 6 unterschiedliche Glassorten
- Durchmesser = 10 mm
  Höhe = 5 mm

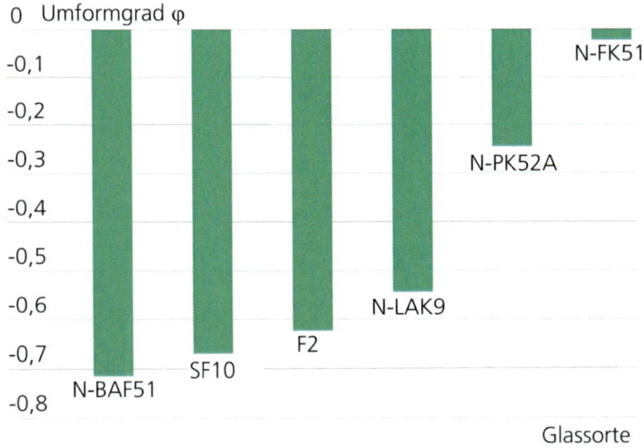

Bild 5.2: **Umformgrad der untersuchten Glassorten**

Deformation degree of the analyzed glass types

Nach der Bestimmung der Umformgradwerte wurden die Zusammenhänge zwischen Umformgrad und den Zusammensetzungen der Gläser geprüft. Dafür wurden als erstes die bereits analysierten Zusammensetzungen der Gläser in Anlehnung an Dietzels Modell in ihre Bestandteile, Netzwerkwandler und -bildner sowie Zwischenoxide, eingeteilt. Diese Einteilung ist in Tabelle 5.3 zu sehen. Nach dieser Einteilung hatten die Gläser zwischen 31,11 und 46,5 Gew.-% Netzwerkbildner. Den höchsten Netzwerkbildneranteil hatte die Glassorte N-PK52A und den geringsten N-BAF51. Den höchsten Zwischenoxidanteil zeigte mit 35,60 Gew.-% die Glassorte N-LAK9 und den geringsten mit 0,12 Gew.-% F2. Ihr Netzwerkwandleranteil variierte zwischen 19,00 und 60,45 Gew.-%. Die Glassorte SF10 hatte den höchsten Netzwerkwandler und N-LAK9 den geringsten.

Einteilung nach Dietzels Modell	**Oxid**	**Glassorte**					
		N-FK51	**F2**	**N-PK52A**	**SF10**	**N-BAF51**	**N-LAK9**
Netzwerkbildner $z_{cat}/a^2 = 1,4 \ldots 2$	SiO_2		42,45		36,52	31,11	7,60
	B_2O_3				0,10		37,80
	P_2O_5	14,32		18,80			
	F_2	30,74		27,70			
Netzwerkbildner [Gew.-%]		*45,06*	*42,45*	*46,50*	*36,62*	*31,11*	*45,40*
Zwischenoxide $z_{cat}/a^2 = 0,5 \ldots 1$	MgO	2,20		3,45	1,37		0,80
	ZnO					6,23	0,70
	Al_2O_3	18,10	0,12	11,18		0,55	
	Y_2O_3						0,60
	La_2O_3	1,00					33,50
	Sb_2O_3					0,14	
	TiO_2				1,56	6,70	
	ZrO_2	3,40		1,98		7,32	
Zwischenoxide [Gew.-%]		*24,70*	*0,12*	*16,61*	*2,93*	*20,94*	*35,60*
Netzwerkwandler $z_{cat}/a^2 = 0,1 \ldots 0,4$	CaO	6,50		6,98		8,98	14,00
	SrO	11,00	0,53	16,88		0,08	
	BaO	10,50	0,11	12,85	0,05	28,6	2,50
	PbO		50,90		60,40		
	Li_2O	0,17					
	Na_2O	0,27	3,22	0,18		9,18	2,50
	Ka_2O	0,27	2,67			0,11	
Netzwerkwandler [Gew.-%]		*30,24*	*57,43*	*36,89*	*60,45*	*47,95*	*19,00*
Zwischenoxide und Netzwerkwandler [Gew.-%]		*54,94*	*57,55*	*53,50*	*63,38*	*68,89*	*54,60*

Tabelle 5.3 **Einteilung der Glasbestandteile in Anlehnung an Dietzel's Modell**

Classification of the glass components according to Dietzel's model

Als nächstes wurden die bestimmten Umformgradwerte gegen Netzwerkbildneranteil sowie gegen die summierten Anteile der Zwischenoxiden und Netzwerkwandlern aufgetragen (Bild 5.3). Hierbei wird deutlich, dass die Umformgradwerte von vier Glassorten einen Zusammenhang mit ihren Zusammensetzungen aufweisen. Diese Gläser sind F2, SF10, N-BAF51 und N-LAK9. Die mit diesen Gläsern erzielten Ergebnisse zeigen, dass mit zunehmendem Netzwerkbildneranteil der Umformgrad abnimmt. Dagegen nimmt er mit zunehmendem Zwischenoxid- und Netzwerkwandleranteil zu. Die Umformgradwerte der Glassorten N-FK51 und N-PK52A sind gering, obwohl sie vergleichbar hohe Zwischenoxide und Netzwerkwandler wie die anderen Gläser haben. Dies führt dazu, dass kein klarer Zusammenhang zwischen Umformgrad und Zusammensetzung beschrieben werden kann, wenn die Glasbestandteile nach Dietzel´s Modell eingeteilt werden.

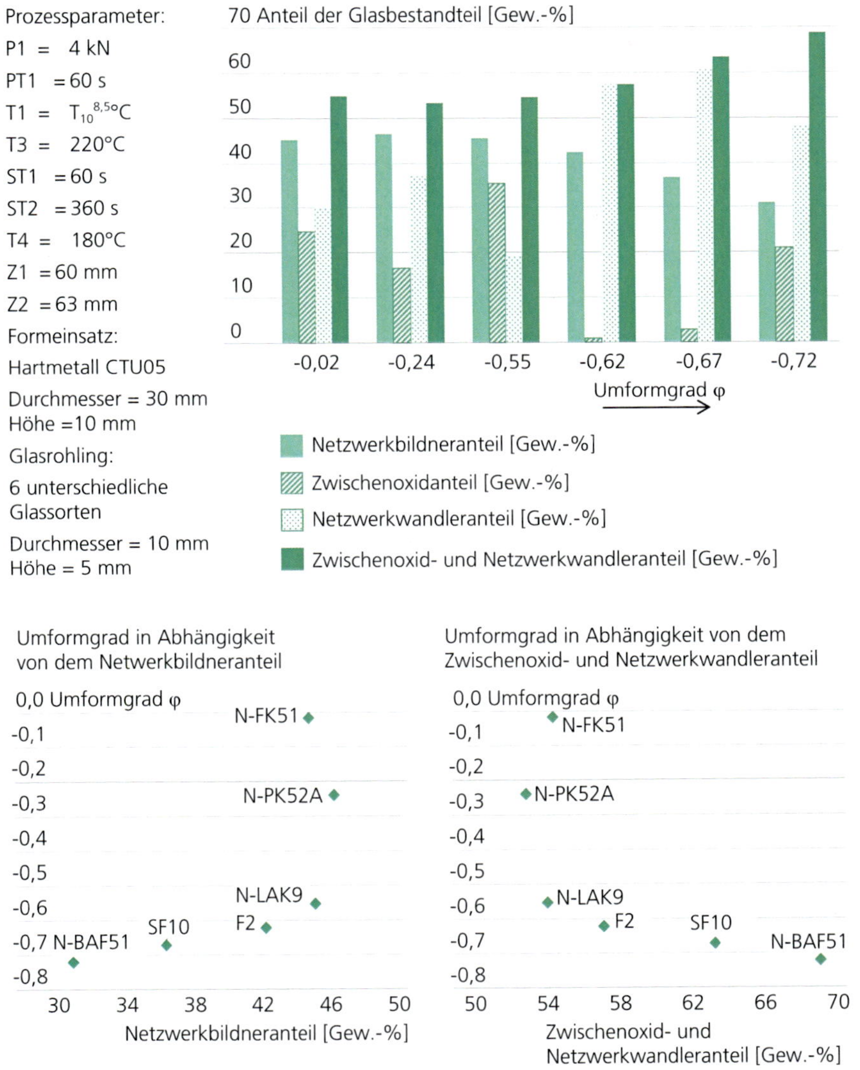

Bild 5.3: **Umformgrad in Abhängigkeit von den Glasbestandteilen, die in Anlehnung an Dietzels Modell eingeteilt wurden**

Deformation degree against glass components, which were classified on the basis of Dietzel's Model

Die Glassorten N-FK51 und N-PK52A Glassorten unterscheiden sich von den anderen untersuchten Gläsern dadurch, dass bei ihnen die Glasbildner nicht Siliziumoxid (SiO_2) und Bortrioxid (B_2O_3) sind, sondern Phosphorpentoxid (P_2O_5) und Fluor (F_2). Sie werden als Fluorphosphat-Gläser bezeichnet. Solche Gläser bestehen aus einer Mischung aus Oxiden und Fluoriden und werden wegen ihrer spezifischen optischen Eigenschaften, niedrige Brechzahl nd<1,5 und hohe Abbezahl vd>60, für die Herstellung von Optiken für z. B. Lasertechnik oder Kommunikationstechnik verwendet. Der hauptsächliche Netzwerkbildner ist Phosphorpentoxid (P_2O_5), das im Glas ein Netzwerk von Phosphaten (PO_4^{-3}) bildet. Wenn sich die Phosphate (PO_4^{-3}), mit den metallischen Kationen, wie z.B. Alkalien und Erdalkalien, verbinden, entstehen Trennstellen. Fluoride wie Aluminiumfluorid (AlF_3), Magnesiumfluorid (MgF_2) und Calciumfluorid (CaF_2) agieren ebenfalls als Netzwerkbildner und stabilisieren das Glas [OTSU89, HEID88, YAMA00]. Neben den Fluoriden und Phosphaten beinhalten die Fluorphosphat-Gläser auch noch Oxide, u. a. Natriumoxid (Na_2O), Magnesiumoxid (MgO), Calciumoxid (CaO) und Aluminiumoxid (Al_2O_3) [HERM74].

In Betracht der Zusammensetzung der Fluorphosphat-Gläser ist es unklar, ob die einzelnen Elemente Phosphate oder Fluoride gebildet haben. Es ist durchaus möglich, dass die Zwischenoxide Aluminiumoxid (Al_2O_3) und Zirkoniumoxid (ZrO_2), die sowohl als Netzwerkbildner als auch -wandler wirken können, Fluoride bilden und somit als Netzwerkbildner agieren. In diesem Fall ändern sich die in Tabelle 5.3 dargestellten Anteile der Glasbestandteile wie in Tabelle 5.4.

	Glassorte					
	N-FK51	**F2**	**N-PK52A**	**SF10**	**N-BAF51**	**N-LAK9**
Netzwerkbildner [Gew.-%]	66,56	42,45	59,66	36,62	31,11	45,40
Zwischenoxide [Gew.-%]	3,20	0,12	3,45	2,93	20,94	35,60
Netzwerkwandler [Gew.-%]	30,24	57,43	36,89	60,45	47,95	19,00
Zwischenoxide und Netzwerkwandler [Gew.-%]	33,44	57,55	40,34	63,38	68,89	54,60

Tabelle 5.4 **Glasbestandteile, wenn Aluminiumoxid (Al_2O_3) und Zirkoniumoxid (ZrO_2) von N-FK51 und N-PK52A zu den Netzwerkbildnern eingeordnet werden**

Glass components, when the aluminum oxide (AlO) and zirconium oxide (ZrO) of N-FK51 and N-PK52A are ranged as network builders

Wenn also Aluminiumoxid (Al_2O_3) und Zirkoniumoxid (ZrO_2) bei den Glassorten N-FK51 und N-PK52A als Netzwerkbildner eingeordnet werden, haben die untersuchten Gläser einen Netzwerkbildneranteil von 31,11 bis 66,56 Gew.-%. Der Anteil von Zwischenoxiden und Netzwerkwandler variiert zwischen 33,44 und 68,89 Gew.-%. Mit diesen Werten besteht nun ein eindeutiger Zusammenhang zwischen Umformgrad sowie Zwischenoxid- und Netzwerkwandleranteil, bzw. nicht netzwerkbildenden Glasbestandteilen.(Bild 5.4). Der Umformgrad nimmt mit zunehmendem Anteil von Zwischenoxid- und Netzwerkwandler zu, was mit der Gleichung 5.2 beschrieben werden kann.

$$y = 0{,}0004x^2 - 0{,}06x + 1{,}5 \qquad \text{Gl. 5.2}$$

Diese Gleichung wurde ermittelt, indem eine Ausgleichskurve im Diagramm zum Umformgrad über dem Netzwerkwandleranteil eingefügt und ihre Kurvengleichung berechnet wurde. Sie hat ein Bestimmtheitsmaß von über 99,9% und beschreibt somit exakt den Zusammenhang zwischen Netzwerkwandleranteil und Umformgrad für das untersuchte Intervall des Zwischenoxid- und Netzwerkwandleranteils (33,44-68,89 Gew.-%) sowie die bei den Stauchversuchen eingesetzten Prozessparameter.

Prozessparameter:

- P1 = 4 kN
- PT1 = 60 s
- T1 = $T_{10}^{8,5}$°C
- T3 = 220°C
- ST1 = 60 s
- ST2 = 360 s
- T4 = 180°C
- Z1 = 60 mm
- Z2 = 63 mm

Formeinsatz:

- Hartmetall CTU05
- Durchmesser = 30 mm
  Höhe = 10 mm

Glasrohling:

- 6 unterschiedliche Glassorten
- Durchmesser = 10 mm
  Höhe = 5 mm

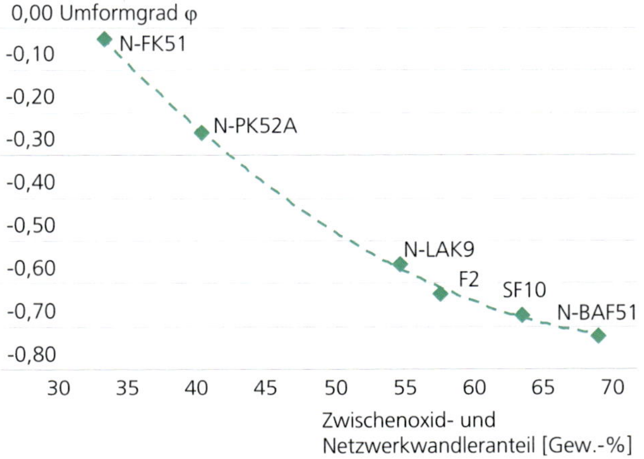

Bild 5.4: **Umformgrad in Abhängigkeit von Zwischenoxid- und Netzwerkwandleranteil, wenn Aluminiumoxid (Al_2O_3) und Zirkoniumoxid (ZrO_2) als Netzwerkbildner eingeordnet werden**

Deformation degree against intermediates and modifiers amount, when aluminum oxide (AlO) und zircon oxide (ZrO)are classified as network builders

5.1.4 Umformgrad in Abhängigkeit von den Glasbestandteilen, eingeteilt nach der stöchiometrischen Wertigkeit

Deformation degree depending on the glass components classified according to the stoichiometrical valency

Die Glasbestandteile wurden neben ihrer Einteilung nach Dietzels Modell auch nach den stöchiometrischen Wertigkeiten ihrer Kationen und im Fall von Fluor nach der Wertigkeit des Anions eingruppiert (Tabelle 5.5). Anschließend wurde geprüft, ob die Wertigkeit der Kationen und Anionen einen signifikanten Einfluss auf das Umformverhalten haben.

Die Einteilung der Gläser nach der stöchiometrischen Wertigkeit ist in Tabelle 5.5 zu sehen. Demnach hat die Glassorte F2 keine und somit den niedrigsten und N-BAF51 mit 10,29 Gew.-% den höchsten Anteil an einwertigen Kationen. Der Anteil der zwei-, drei- und vierwertigen Kationen variieren stark. Die zweiwertigen Kationen sind von 18 bis 61,82 Gew.-% vorhanden. Den höchsten Anteil an dreiwertigen Kationen hat N-LAK mit 71,90 Gew.-% und den niedrigsten SF10 mit 0,1 Gew.-%. Den niedrigsten Anteil an vierwertigen Kationen besitzt N-PK52A (1,98 Gew.-%) und den höchsten Anteil N-BAF51 (45,13 Gew.-%). Bei den untersuchten Gläsern kommt ein einziges Oxid mit einem fünfwertigen Kation vor (Phosphorpentoxid (P_2O_5)). Dieses Oxid haben nur die Glassorten N-FK51 und N-PK52A. Sie sind außerdem die einzigen Glassorten, die in ihrer Zusammensetzung Fluor (F_2) haben.

stöchiometrische Wertigkeit	Oxid	Glassorte					
		N-FK51	F2	N-PK52A	SF10	N-BAF51	N-LAK9
+1	Li_2O	1,70					
	Na_2O	0,27	3,22	0,18		9,18	2,50
	K_2O	0,27	2,67			1,11	
Gewichtsanteil [Gew.-%]		*2,24*	*5,89*	*0,18*	*0*	*10,29*	*2,50*
+2	MgO	2,20		3,45	1,37		0,80
	CaO	6,50		6,98		8,98	14,00
	SrO	11,00	0,53	16,88		0,08	
	BaO	10,50	0,11	12,85	0,05	28,6	2,50
	ZnO					6,23	0,70
	PbO		50,90		60,40		
Gewichtsanteil [Gew.-%]		*30,20*	*51,54*	*40,16*	*61,82*	*43,89*	*18,00*
+3	B_2O_3						37,80
	Al_2O_3	18,10	0,12	11,18	0,10	0,55	
	La_2O_3	1,00					33,50
	Y_2O_3						0,60
	Sb_2O_3					0,14	
Gewichtsanteil [Gew.-%]		*19,10*	*0,12*	*11,18*	*0,10*	*0,69*	*71,90*
+4	SiO_2		42,45		36,52	31,11	7,60
	TiO_2				1,56	6,70	
	ZrO_2	3,40		1,98		7,32	
Gewichtsanteil [Gew.-%]		*3,40*	*42,45*	*1,98*	*38,08*	*45,13*	*7,60*
+5	P_2O_5	14,32		18,80			
Gewichtsanteil [Gew.-%]		*14,32*		*18,80*			
-1	F_2	30,74		27,70			
Gewichtsanteil [Gew.-%]		*30,74*		*27,70*			

Tabelle 5.5 **Einteilung der Glasbestandteile nach der stöchiometrischen Wertigkeit ihrer Kationen und im Fall von Fluor nach der stöchiometrischen Wertigkeit des Anions**

Classification of the glass components according to the stoichiometrical valency of their cations and in case of Flour according to the stoichiometrical valency of anon

Die bestimmten Umformgradwerte der Gläser sind in Bild 5.5 in Abhängigkeit von den stöchiometrischen Wertigkeiten ihrer Kationen, den Wertigkeiten eins, zwei, drei sowie vier, und des Fluors, mit der Wertigkeit minus eins, dargestellt. Dieses Bild verdeutlicht, dass die Gläser sowohl mit niedrigem Umformgrad als auch die Gläser mit hohem Umformgrad eins-, zwei- und vierwertige Kationen besitzen. Die Gläser mit niedrigem Umformgrad, N-FK51 und N-PK52A, haben außerdem fünfwertige Kationen und minus einwertiges Fluor. Weiterhin ist auffällig, dass diese Gläser mehr als 10 Gew.-% dreiwertige Kationen haben. Dagegen haben die Gläser N-BAF51, SF10, N-LAK9 und F2, die höhere Umformgradwerte als N-FK51 und N-PK52A aufweisen, weniger als 1 Gew.-% dreiwertige und mehr vierwertige Kationen als die Glassorten N-FK51 und N-PK52A. Zusammengefasst lassen sich die Glassorten mit vierwertigen Kationen besser umformen als die Glassorten mit dreiwertigen Kationen und Fluor-Anionen.

Prozessparameter:

- P1 = 4 kN
- PT1 = 60 s
- T1 = $T_{10}^{8,5}$°C
- T3 = 220°C
- ST1 = 60 s
- ST2 = 360 s
- T4 = 180°C
- Z1 = 60 mm
- Z2 = 63 mm

Formeinsatz:

- Hartmetall CTU05
- Durchmesser = 30 mm
  Höhe =10 mm

Glasrohling:

- 6 unterschiedliche Glassorten
- Durchmesser = 10 mm
  Höhe = 5 mm

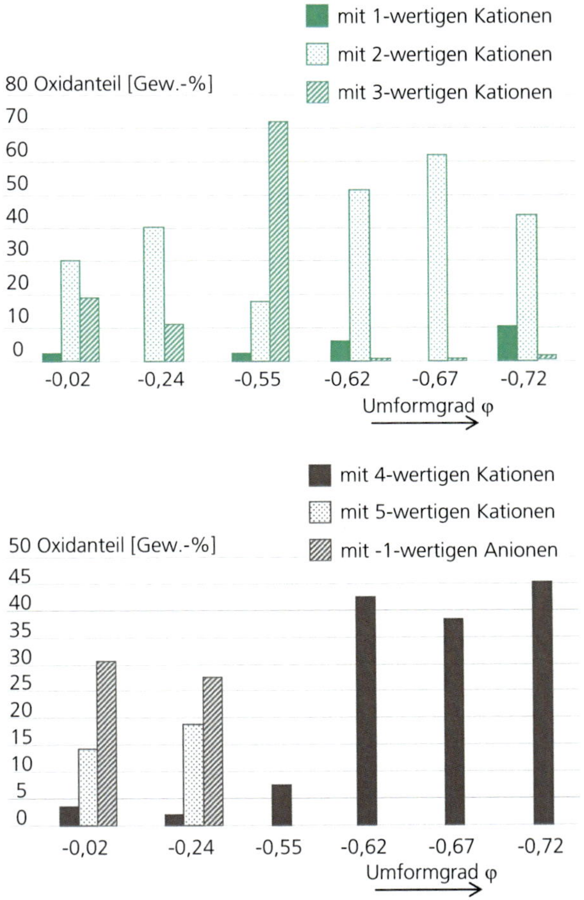

Bild 5.5: **Umformgrad in Abhängigkeit von der stöchiometrischen Wertigkeit**

Deformation degree against stoichiometrical valency

5.1.5 Charakterisierung der Strukturänderung der Gläser mit Raman-Spektroskopie

Characterization of structural change with Raman spectroscopy

In diesem Kapitel werden die Ergebnisse der Raman-Messungen aufgeführt. Diese Messungen wurden an der Glassorte mit höchstem Umformgrad, N-BAF51, und mit niedrigstem Umformgrad, N-FK51, ausgeführt. Ihre Zielsetzung war es, die Strukturänderung der gestauchten Gläser festzustellen. Im Folgenden wird als erstes ein Überblick zur Raman-Spektroskopie gegeben und ihr Einsatz bei der Untersuchung der Glasstruktur erläutert. Danach werden die Raman-Spektren der gestauchten sowie nicht gestauchten Gläser diskutiert.

Die ungeordnete Kristallstruktur der Gläser, sogenannte Netzwerkstruktur, wurde bereits in Kapitel 2.5.1 erläutert. Dabei wurde geschildert, dass die Bausteine des Glasnetzwerks keine

Fernordnung wie die Kristalle besitzen. Das Fehlen der Fernordnung erschwert die Wahl der Analysenmethode zur Charakterisierung des Glasnetzwerks. Es kann lediglich mit Verfahren mit hohem Auflösungsvermögen, wie Infrarotspektroskopie (IR) oder Röntgen-Absorptionsspektroskopie (XAS), erfasst werden.

Eine weitere geeignete Analysemethode ist die Raman-Spektroskopie. Sie basiert auf einem von dem indischen Physiker Raman 1928 entdeckten Prinzip. Nach diesem Prinzip gibt die inelastische Streuung von Licht an Molekülen bzw. Bausteinen der Werkstoffe Informationen über deren Bindungszustand an. Bei der inelastischen Streuung handelt es sich um Stokes-Streuung und anti-Stokes-Streuung. Die Stokes-Streuung sind elektromagnetischen Wellen mit niedrigerer Frequenz als die der Ausgangsstrahlung (ν_0-ν_1) und die anti-Stokes-Streuung ist die mit höherer Frequenz (ν_0+ν_1). Zusätzlich zu diesen beiden Strahlungen wird in Raman-Spektren die elastisch gestreute Strahlung bzw. energetisch unveränderte (ν_0), Rayleigh-Streuung beobachtet. Die Entstehung der oben definierten Strahlungen werden in Bild 5.6 dargestellt. Der Grund für die Änderung der Ausgangsfrequenz bzw. Phasenverschiebung sind die Rotations- und Schwingungsübergänge der Moleküle, die bestimmte energetische Niveaus ausbilden. All diese Vorgänge werden als Raman-Effekte bezeichnet [KRIE74, HUPP01].

Bei einer Raman-Messung wird die Probe mit einer Ausgangstrahlung mit definierter Wellenlänge bestrahlt. Das Licht interagiert mit der Probe und Photonen werden von der Probe rückgestreut. Die Zahl der Photonen wird über die Wellenlänge des gestreuten Lichts erfasst und zu Signalen verarbeitet. Da die Zahl der rückgestreuten Photonen von der Art der Moleküle in der Probe abhängt, erhält man bei einer Raman-Messung Signale zu den in der Probe vorhandenen Molekülen. Die Gesamtheit der Signale bilden die Raman-Bänder. Die Raman-Bänder werden in einem Raman-Spektrum dargestellt, indem die Intensitäten der rückgestreuten Photonen gegen die Kehrwerte ihrer Wellenlänge, die sogenannte Wellenzahl, aufgetragen werden (Bild 5.6) [KUJU36, BACH99, HUPP01].

Wie bereits erwähnt wurde, sind bestimmte Bänder bestimmten Molekülen zuzuordnen. Allerdings wurden bisher nicht die Bänder für alle Moleküle erfasst. Dies erschwert die Entschlüsselung der Raman-Spektren der Gläser. Lediglich werden sie nach Bach und Krause in vier Regionen eingeteilt [BACH99]:

- Die erste Region ist geprägt von polarisierten symmetrischen Streckschwingungen der Si-O-Si-Bindungen. Sie befindet sich im Hochfrequenzbereich von 750 bis 1170 cm^{-1}. Schwächung des Netzwerks durch Alkali- oder Erdalkaliaddition führt zu einer Abnahme der Schwingungsdichte und somit zu einer Abnahme der auftretenden Bänder. Daher kann anhand von in diesem Bereich auftretender Bänder der Netzwerkwandleranteil im Glas abgeschätzt werden.

- Die zweite Region befindet sich im mittleren Frequenzbereich von 440 bis 700 cm^{-1}. Hier sind die Bänder der hoch polarisierten symmetrischen Streck- und Deformationsschwingungen zu finden. Hauptbeitrag zu diesen Bändern kommen von den Si-O-Si Bindungen. Der Beitrag der Netzwerkwandler ist gering.

- Die dritte Region befindet sich im Frequenzbereich von 700 bis 800 cm^{-1}. Sie ist geprägt durch asymmetrische Streck- und Deformationsschwingungen, die bis jetzt ungeklärt sind. Es wird vermutet, dass diese Schwingungen aus der Relativbewegung des Siliziums (Si) zum Sauerstoff (O_2) resultieren.

- In der vierten Region, 0 bis 400 cm^{-1}, treten bei Gläsern die als Bosonen-Peak bezeichneten Bänder auf. Bosonen, nach dem indischen Physiker Bose benannt, sind im Standardmodell der Teilchenphysik alle Teilchen, die einen ganzzahligen Spin besitzen. Diese sind spezifisch für nicht kristalline Werkstoffe. Dieser Peak wird auf Alkalioxide des Glases zurückgeführt.

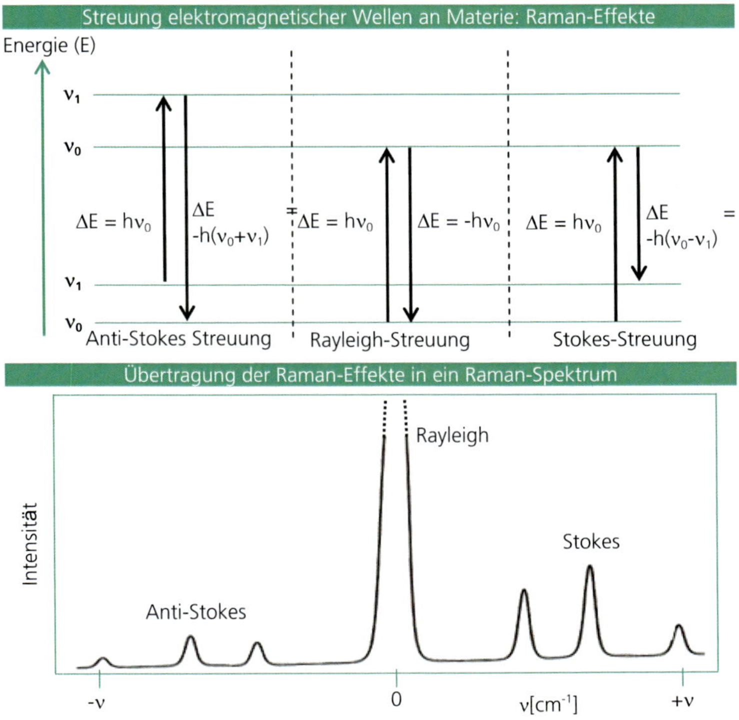

Bild 5.6: **Streuungen von elektromagnetischen Wellen an Materie und Raman-Spektrum**

Scattering of electromagnetic waves on matter and Raman-spectra

Die Raman-Spektren wurden mit dem Raman-Messgerät HR800 von Jobin Yvon Horiba aufgenommen. Der Aufbau dieses Messgeräts wird in Bild 5.7 schematisch dargestellt. Seine Hauptbestandteile sind die Strahlungsquelle, das optische Strahlungssystem, der Monochromator, der Detektor und die Auswerteeinheit. Die Strahlungsquelle ist ein Argon-Ionen-Laser mit einer Wellenlänge von 514,532 nm. Das optische Strahlungssystem besteht aus einem festen Spiegel, zwei Sammellinsen und einem Notch Filter.

Während der Messung wird als erstes der Laserstrahl im Notch-Filter die Rayleigh-Strahlung ausgefiltert und mit Hilfe einer Sammellinse auf die Probe fokussiert. Danach wird das von der Probe gestreute Licht über eine weitere Sammellinse in einen Monochromator eingekoppelt. Der Monochromator dient als ein Bandpassfilter zur Unterdrückung des rückgestreuten Lichts im Wellenlängenbereich des Lasers. Anschließend wird die Rückstreuung von einem Photodetektor gemessen. Hierbei wurde ein Beugungsgitter mit 1800 Teilungsperioden pro mm verwendet und die spektrale Auflösung beträgt 1,5 cm^{-1}. Das eingesetzte Objektiv hatte eine 50-Fache Vergrößerung und eine numerische Apertur von 0,7. Das bei dieser Messung registriertes optische Signal wird im Detektor in ein elektrisches Signal umgewandelt und zur Auswerteeinheit überführt. In der Auswerteeinheit werden die Intensitäten der Signale gegen die Wellenzahlen aufgetragen, was dem Raman Spektrum entspricht.

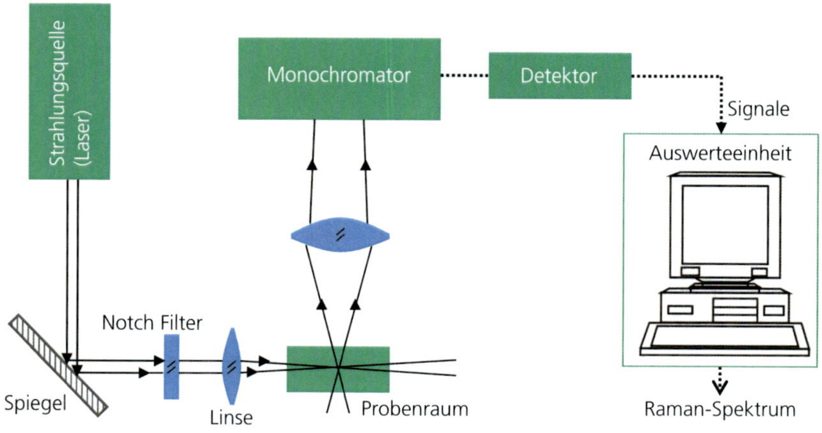

Bild 5.7: **Schematischer Aufbau des Raman-Spektrometers**

Schematically presentation of set up of Raman spectrometer

Die gemessenen Raman-Spektren sind in Bild 5.8 zu sehen. Nach ihnen sind die charakteristischen Bänder der gestauchten N-FK51 und des ungestauchten N-FK51 identisch. Sie zeigen im Frequenzbereich von 400 bis 750 cm^{-1} die für diesen Frequenzbereich charakteristischen Bänder der Si-O-Si-Bindungen auf, die auf die symmetrischen Streck- und Deformationsschwingungen zurückzuführen sind. Ab 750 cm^{-1} treten die Bänder für die asymmetrischen Streckschwingungen der Si-O-Si-Bindungen auf. Die Bänder der gestauchten und nicht gestauchten N-BAF51 unterscheiden sich allerdings deutlich. Zum einen zeigen die gestauchten Proben keine Bosonen-Peaks und zum anderen haben sie im Hochfrequenzbereich (750-1170 cm^{-1}) keine ausgeprägten Bänder der Si-O-Si-Bindungen. Die in diesem Bereich festgestellten Bänder deuten darauf hin, dass die ungestauchten N-BAF51 Rohlinge eine dichtere Verknüpfung zwischen Silizium (Si) und Sauerstoff (O_2) haben, also mehr Siliziumoxidtetraeder besitzen, als die gestauchten Proben. Das heißt die gestauchten N-BAF51 haben eine Netzwerkstruktur mit mehr Trennstellen als die Rohlinge.

Die große Anzahl an Trennstellen ist damit zu erklären, dass die Si-O-Si-Bindungen beim Stauchen gespalten wurden, was zu einer Schwächung der Netzwerkstruktur des N-BAF51 führte. Die Schwächung des Glasnetzwerks durch Trennstellen wurde bereits in Kapitel 2.5.1 erläutert. Die Kationen der Netzwerkwandler verbinden sich mit den Sauerstoffen der SiO_2-Tetraeder und spalten folglich die Si-O-Si-Bindungen ab. Dadurch entstehen Trennstellen im Netzwerk, die zur Schwächung des Glases führen.

Der höhere Zwischenoxid- und Netzwerkwandleranteil von N-BAF51 verursacht Trennstellen im Netzwerk des N-BAF51, somit war sein Netzwerk beweglicher als das von N-FK51. Diese Beweglichkeit führt zu einem höheren Umformgrad von N-BAF51. Die fehlende Beweglichkeit des Netzwerks von N-FK51 führt dagegen zu einer geringeren Umformung, wie aus den Raman-Spektren hervorgeht.

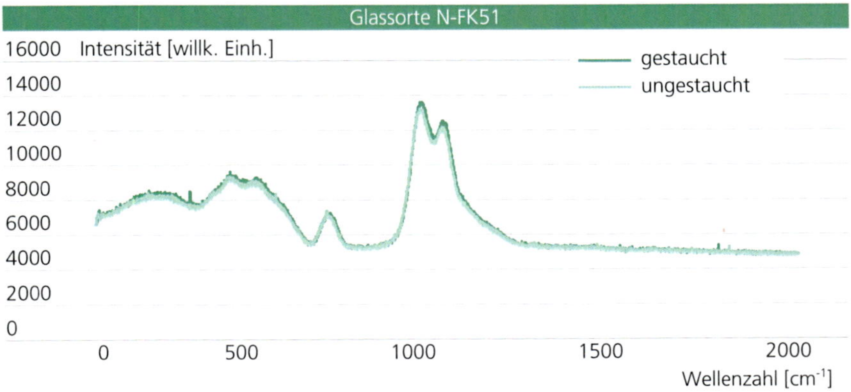

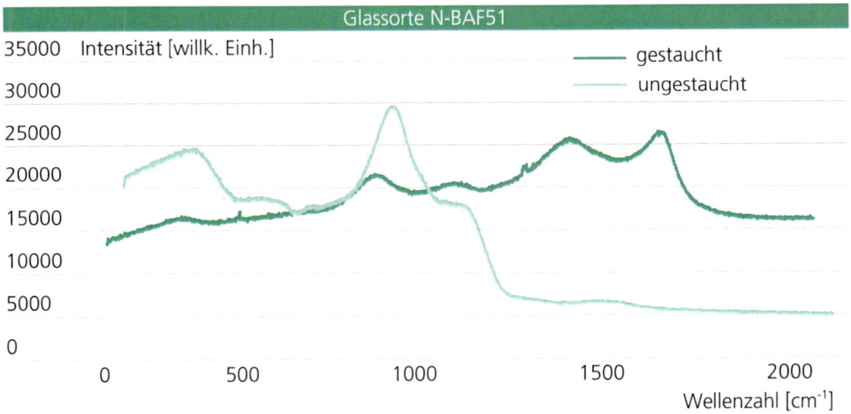

Bild 5.8: **Raman-Spektren der Glassorten mit dem höchsten und dem niedrigsten Umformgrad**

Raman spectrums of the glass types with highest and lowest deformation degree

5.1.6 Zusammenhänge zwischen Umformgrad und Glaseigenschaften

Correlations between deformation degree and glass properties

Hinweise auf die Fähigkeit der Werkstoffe unter Druck ihre Form zu ändern, gibt ihre Kompressibilität. Erkenntnisse über die Zusammenhänge zwischen Kompressibilität und Umformverhalten der Gläser sind nur in geringem Umfang bei Raumtemperatur und für Temperaturbereiche des Pressens überhaupt nicht vorhanden. Die Untersuchung dieses Zusammenhangs wird die Frage beantworten, ob die optischen Gläser anhand ihrer Kompressibilität für das Präzisionsblankpressen ausgewählt werden können. Da die Werte der Kompressibilität von den Herstellern zur Verfügung gestellt werden, würde eine Vorauswahl der Gläser anhand ihrer Kompressibilität erheblich Zeit sparen.

Die Kompressibilitäten der untersuchten Gläser sind in Tabelle 5.6 aufgeführt. Sie liegen im Bereich von 0,54 bis 2,81 mm²/N und decken somit ein breites Spektrum der Kompressibilität ab.

Glas	N-FK51	N-PK52A	N-BAF51	N-LAK9	SF10	F2
Kompressibilität [10^{-6} mm²/N]	0,54	0,67	2,22	1,83	1,95	2,81

Tabelle 5.6 Kompressibilität der untersuchten Gläser [SCHO08]

Compressibility of analysed glass types [SCHO08]

Zur Feststellung der relevanten Zusammenhänge wurden die experimentell ermittelten Umformgradwerte der Gläser über ihren Kompressibilitäten aufgetragen. Diese Darstellung, in Bild 5.9 zu sehen, zeigt, dass der Umformgrad mit zunehmender Kompressibilität zunimmt. Allerdings hat F2 trotz seiner hohen Kompressibilität einen relativ niedrigen Umformgrad. Dies kann mit seinem hohen SiO_2-Gehalt begründet werden. Der Einfluss des SiO_2-Gehalts auf die Kompressibilität wurde bereits in Kapitel 4.1 am Beispiel vom Kieselglas erläutert. F2 hat 42,45 Gew.-% Siliziumoxid (SiO_2) und ist somit die Glassorte mit dem höchsten SiO_2-Gehalt. Während die Kompressibilität der weiteren Glassorten durch die Beweglichkeit ihrer Netzwerkstruktur hervorgerufen wird, basiert sie beim F2 analog zum Kieselglas auf den Hohlräumen in der Netzwerkstruktur. Da das Netzwerk dieser Glassorte mehr stark gebundene SiO_2-Bindungen als die übrigen Gläser besitzt, wird es bei höheren Temperaturen nicht beweglich und lässt sich nur relativ wenig umformen.

Ein Zusammenhang zwischen Umformgrad und dem thermischen Ausdehnungskoeffizienten wurde ebenfalls geprüft. Obwohl die untersuchten Gläser ein breites Spektrum dieser Eigenschaft abdeckten, war keine Korrelation zwischen dem Umformgrad und dem Ausdehnungskoeffizient festzustellen.

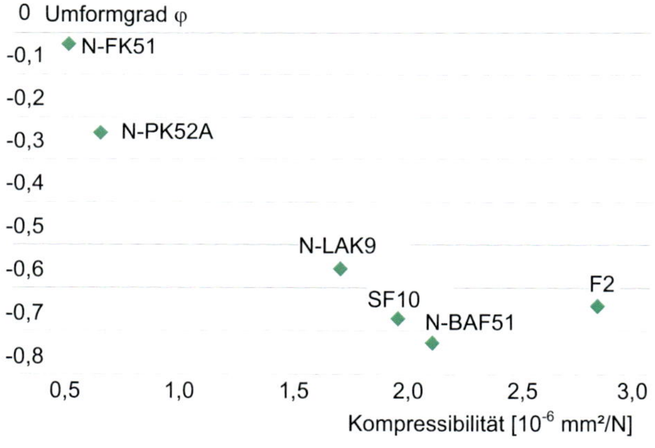

Prozessparameter:

- P1 = 4 kN
- PT1 = 60 s
- T1 = $T_{10}^{8,5}$°C
- T3 = 220°C
- ST1 = 60 s
- ST2 = 360 s
- T4 = 180°C
- Z1 = 60 mm
- Z2 = 63 mm

Formeinsatz:

- Hartmetall CTU05
- Durchmesser = 30 mm
  Höhe = 10 mm

Glasrohling:

- Durchmesser = 10 mm
  Höhe = 5 mm

Bild 5.9: Umformgrad in Abhängigkeit von der Kompressibilität

Deformation degree against the compressibility

5.2 Formfüllung in Abhängigkeit von der Glaszusammensetzung und den Glaseigenschaften

Mold filling depending on the glass composition and properties

Neben dem Umformgrad ist die Formfüllung die zweite Kenngröße, die zur Beschreibung des Umformverhaltens eingesetzt wird. Für ihre Ermittlung wird das Glas mit einem planen oberen Formeinsatz und einem unteren Formeinsatz mit einer Kavität gepresst. Das während des Pressens in die Kavität geflossene Glas bildet nach dem Abkühlen einen Zylinder. Die Höhe dieses Zylinders wird dann als Maß für die Formfüllung erfasst. Diese Methode ist in Bild 5.10 schematisch dargestellt.

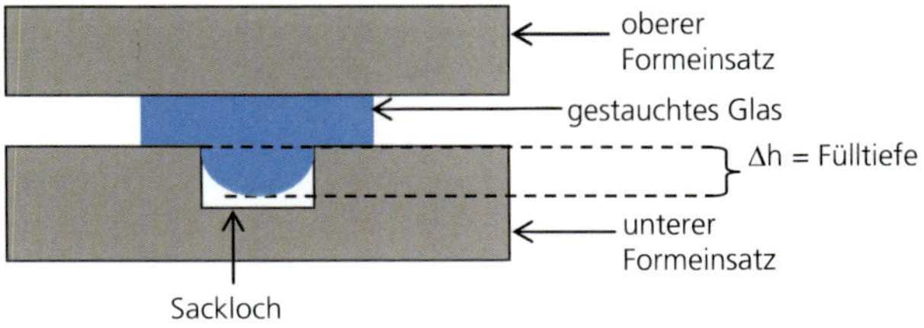

Bild 5.10: **Bestimmung der Formfüllung**

Determination of filling depth

Der untere Formeinsatz mit Kavität bestand aus heißisostatisch gepresstem Siliziumnitrid (HIP-Si_3N_4) und wurde vom Hersteller mit den spezifizierten Sacklochabmessungen zur Verfügung gestellt. Das Sackloch wurde vor dem Sintern in den Grünkörper eingebracht und musste nach dem Sintern lediglich manuell poliert werden. Die Bohrung besaß einen Durchmesser von 6± 0,1 mm und eine Tiefe von 5± 0,1 mm. Bei den Stauchversuchen wurden die bereits in Tabelle 5.1 aufgeführten Glassorten eingesetzt. Die Glasproben waren beidseitig polierte Rundscheiben mit einem Durchmesser von 10± 0,1 mm und einer Höhe von 5± 0,1 mm.

Bei den Stauchversuchen betrug die Presskraft (P1) 4 kN und die Presszeit (ST1) 60 s. Als Presstemperatur (T1) wurde die Temperatur eingestellt, bei der die Viskosität des Glases nach Herstellerangaben $10^{8,5}$ dPa·s beträgt (Bild 5.1). Nach dem Abkühlen wurde die Höhe des an der Oberfläche gebildeten Zylinders, der in Bild 5.11 zu sehen ist, gemessen. Mit den gemessenen Werten wurde dann die Formfüllung ermittelt Abschließend wurden die Zusammenhänge zwischen Formfüllung und Glaszusammensetzung sowie -eigenschaften geprüft. Die so gewonnenen Erkenntnisse werden im Folgenden aufgeführt.

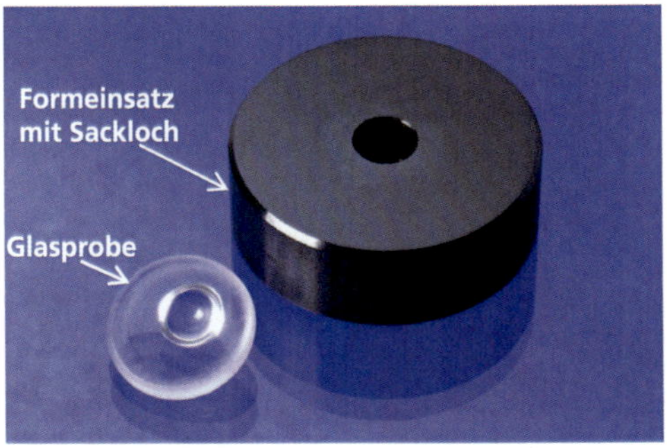

Bild 5.11: **Formeinsatz mit Sackloch und eine mit diesem Formeinsatz gestauchte Glasprobe**

Mold insert with blind hole and glass specimen molded with this insert

5.2.1 Formfüllung in Abhängigkeit von der Glaszusammensetzung

Mold filling depending on glass composition

Die erzielten Fülltiefen der Gläser, die zwischen 0,1 und 3,1 mm variierten, sind in Bild 5.12 zu sehen. Hierbei zeigt sich, dass die Glassorte N-BAF51 die höchste Zylinderhöhe aufweist. Die niedrigste Formfüllung wurde mit N-FK51 erreicht.

Trägt man, wie in Bild 5.12 dargestellt, die Fülltiefe gegen den Zwischenoxid- und Netzwerkwandleranteil auf, so wird ein zum Umformgrad in Bild 5.4 vergleichbares Ergebnis erzielt. Mit zunehmenden Zwischenoxiden und Netzwerkwandlern nimmt die Formfüllung ähnlich wie der Umformgrad zu. Somit hat die Zusammensetzung der Gläser einen maßgeblichen Einfluss auf ihre Formfüllung. Dieser Einfluss lässt sich mathematisch mit folgender Gleichung beschreiben:

$$y = -0{,}001x^2 - 0{,}2x + 5{,}6 \qquad \textbf{Gl. 5.3}$$

Diese empirisch aufgestellte Gleichung hat ein Bestimmtheitsmaß von 98%. Somit beschreibt sie den Einfluss der Zwischenoxiden und Netzwerkwandlern für das untersuchte Intervall der Zwischenoxid- und Netzwerkwandleranteil (33,44-68,89 Gew.-%) und das bei den Stauchversuchen eingesetzte Prozessfenster mit einer hohen Genauigkeit.

Prozessparameter:

- P1 = 4 kN
- PT1 = 60 s
- T1 = $T_{10}^{8,5}$°C
- T3 = 220°C
- ST1 = 60 s
- ST2 = 360 s
- T4 = 180°C
- Z1 = 60 mm
- Z2 = 63 mm

Formeinsatz:

- HIP-SSN mit Sackloch
- Durchmesser = 30 mm Höhe = 10 mm

Glasrohling:

- 6 unterschiedliche Glassorten
- Durchmesser = 10 mm Höhe = 5 mm

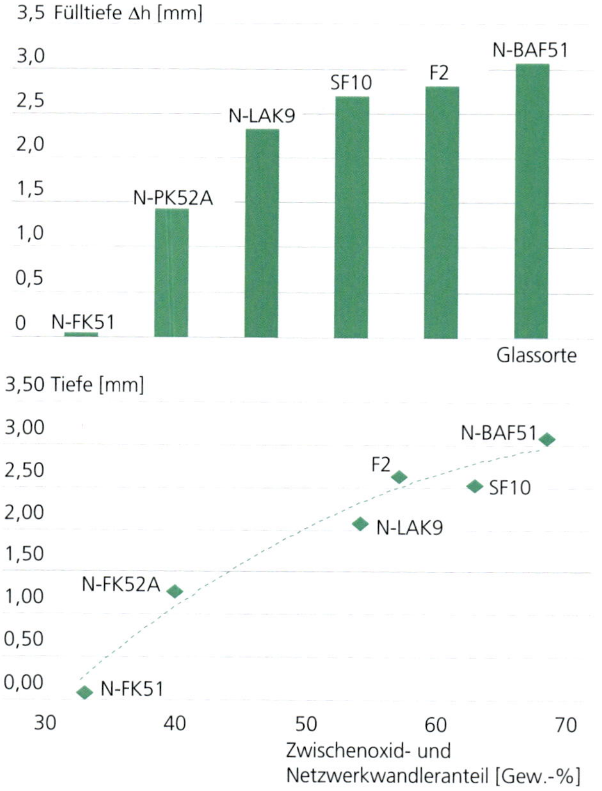

Bild 5.12: **Formfüllung und ihre Abhängigkeit vom Zwischenoxid- und Netzwerkwandleranteil**

Mold filling and its dependence from the intermediate and network modifier percentage

5.2.2 Korrelationen von Formfüllung und Glaseigenschaften
Correlations between mold filling and glass properties

Wird die Fülltiefe über der Kompressibilität aufgetragen, so wird deutlich, dass sie mit zunehmender Kompressibilität tendenziell zunimmt (Bild 5.13). Eine Ausnahme stellt die Glassorte F2 dar, dessen Formfüllung trotz seiner hohen Kompressibilität relativ gering ist. Ein Erklärungsansatz für das Verhalten von F2 basierend auf seinem hohen SiO_2-Gehalt wurde bereits in Kapitel 5.1.6 erläutert und kann hier analog angewandt werden.

Prozessparameter:

- P1 = 4 kN
- PT1 = 60 s
- T1 = $T_{10}^{8,5}$°C
- T3 = 220°C
- ST1 = 60 s
- ST2 = 360 s
- T4 = 180°C
- Z1 = 60 mm
- Z2 = 63 mm

Formeinsatz:

- HIP-SSN mit Sackloch
- Durchmesser =30 mm Höhe = 10 mm

Glasrohling:

- 6 unterschiedliche Glassorten
- Durchmesser =10 mm Höhe = 5 mm

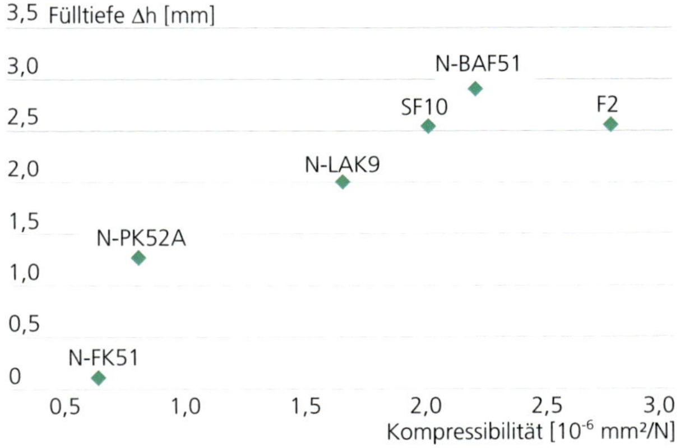

Bild 5.13: Formfüllung in Abhängigkeit der Kompressibilität

Mold filling depending on the compressibility

Ein Zusammenhang zwischen Formfüllung und dem thermischen Ausdehnungskoeffizienten wurde nicht festgestellt.

5.3 Untersuchungen zur Abformgenauigkeit
Analysis of the molding accuracy

Es ist nicht selbstverständlich, dass die Konturen eines strukturierten Formeinsatzes durch das Pressen im Mikrometerbereich genau auf die Linsen übertragen werden. Wie genau die Übertragung ist und mit welcher Kenngröße sie beurteilt werden soll, ist bisher ungeklärt.

Daher wird in diesem Kapitel als erstes die Definition einer Kenngröße zur Beurteilung der Übertragung der Konturen vom Formeinsatz auf die gepressten Linsen, die sogenannte „Abformgenauigkeit", eingeführt. Danach wird der Einfluss der Glaszusammensetzung auf die Abformgenauigkeit untersucht. Hierbei ist die Frage zu klären, ob alle optischen Glassorten sich durch Präzisionsblankpressen zu strukturierten Linsen pressen lassen. Als nächstes wird die Abformgenauigkeit der Gläser verglichen und diskutiert.

5.3.1 Festlegung der Kriterien zur Ermittlung der Abformgenauigkeit

Definition of criteria for the molding accuracy

Die Ergebnisse der folgenden Versuche verdeutlichen die technologischen Grenzen des Präzisionsblankpressens bei der Übertragung der Konturen eines strukturierten Formeinsatzes. Bei diesen Versuchen wurde ein Formeinsatz aus Hartmetall eingesetzt, wie er in Bild 5.14 dargestellt ist. Er hatte drei Rechteck- und drei V-Nuten, die durch Erodieren eingebracht wurden. Alle Nuten hatten eine Tiefe von 0,5 mm. Die V-Nuten hatten Öffnungswinkel von 120°, 90° und 60°. Die Viereck-Nuten waren 0,6, 0,4 und 0,2 mm breit. Es wurde zunächst eine Glassorte, B270, ausgewählt. Die quaderförmigen Glasrohlinge waren 18 mm lang, 8 mm breit und 2 mm hoch.

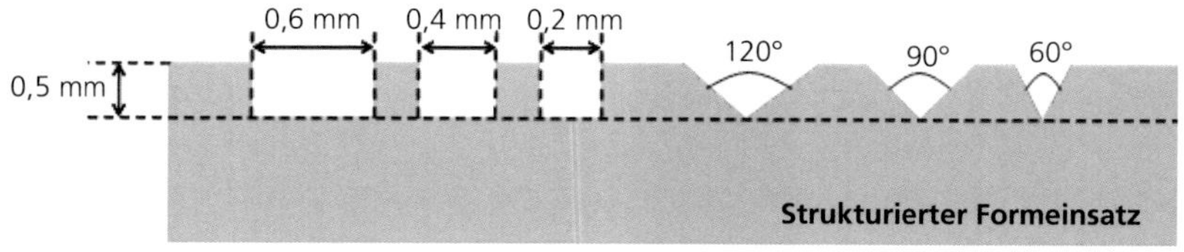

Bild 5.14: **Strukturierter Formeinsatz zur Ermittlung der Abformgenauigkeit**

Insert with structures for the determination of surface detail reproduction

Beim Pressen betrug die Kraft (P1) 1,5 kN. Die Presstemperatur (T1) lag entsprechend der ausgewählten Viskosität bei 675, 680 und 690°C. Die Presszeit (PT1) betrug 60 s und die Homogenisierungszeit (ST2) 180 s.

Die Höhe und die Breite der Nuten auf dem Formeinsatz und der gepressten Linse wurden mit dem Koordinatenmessgerät Werth VC-IP 1000 x 650 3D CNC gemessen. Der Vergleich von Nuten auf dem Formwerkzeug und den in die Linse gepressten Strukturen ist in Bild 5.15 dargestellt. In diesem Bild sind die Nuten, die entsprechend als Erhöhung auf die Linsen gepresst wurden, als Vertiefung zu sehen. Weiterhin sind die Konturen der Glasproben der Werkzeugkontur überlagert. Dadurch lassen sich die auf den Linsen gepressten Nutformen mit den Nutformen auf dem Formeinsatz vergleichen. In Bild 5.15 fehlt die 60° V-Nut, da damit keine Linse gepresst werden konnte. Der Grund hierfür liegt an den kleinen Öffnungswinkeln dieser Nut. Die Linsen zerbrachen während des Pressvorgangs.

Der Vergleich der Nutformen in den Linsen mit den Nutformen im Formeinsatz zeigt eindeutig, dass das Glas während des Pressvorgangs nicht gleich tief in die einzelnen Nuten fließen konnte. Die Höhe der in die Linse abgeformten Strukturen war zum einen in V-Nuten größer als in den Rechtecknuten, zum anderen hatte zusätzlich zur Art der Nuten auch die Presstemperatur einen Einfluss auf die Konturen der gepressten Linsen. Die Höhe der Strukturen nahm mit zunehmender Presstemperatur bzw. mit abnehmender Viskosität zu.

Prozessparameter:

- P1 = 4 kN
- PT1 = 60 s
- T3 = 220°C
- ST1 = 60 s
- ST2 = 180 s
- T4 = 180°C

Formeinsatz:

- J05
- Strukturiert

Glasrohling:

- B270
- Länge = 18 mm
  Breite = 8 mm
  Höhe = 2 mm

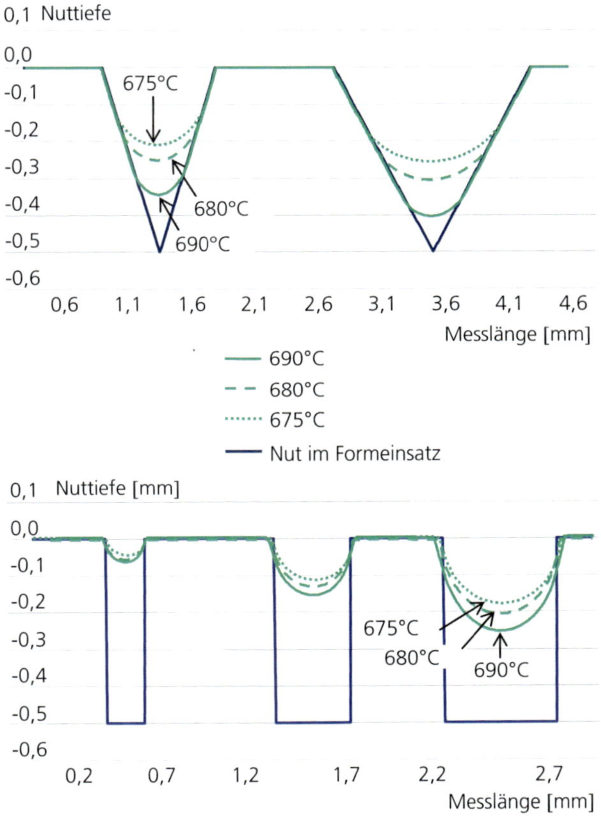

Bild 5.15: **Abformgenauigkeit der V- und Rechteck-Nuten in Abhängigkeit der Presstemperatur**

Molding accuracy of V- and quadrilateral grooves depending on the molding temperature

Der quantitative Vergleich der Konturgenauigkeit der gepressten Nuten mit der Konturgenauigkeit der Nuten im Formeinsatz wurde anhand des Kennwertes „Abformgenauigkeit (A_F)" realisiert. Die Abformgenauigkeit wird gemäß Gleichung 5.4 berechnet [KLOCK08].

$$A_F = \frac{A_G}{A_S} \times 100 \qquad \textbf{Gl. 5.4}$$

Zur Bestimmung der Abformgenauigkeit musste als erstes der Flächeninhalt der gepressten Nutquerschnitte (A_G) berechnet werden. Die auf die Linsen gepressten Strukturen hatten in erster Näherung die Form eines Kreissegments. Daher wurde ihre Fläche mit der Gleichung zur Flächenberechnung des Kreissegments, die in Bild 5.16 zu sehen ist, berechnet.

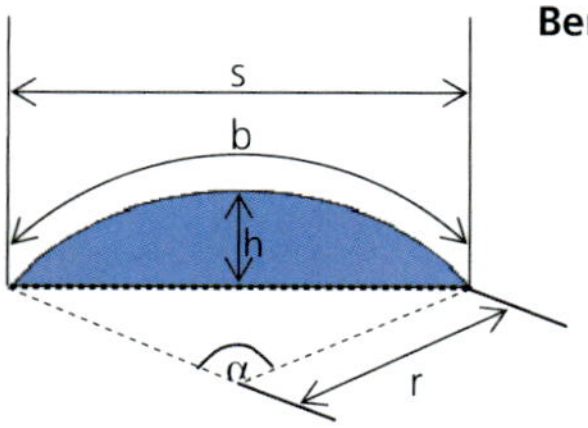

Berechnung die Fläche eines Kreissegments:

$$A_G = \frac{1}{2}\left[br - s(r-h)\right] \approx \frac{h}{6s}\left(3h^2 + 4s^2\right)$$

h_S = Segmenthöhe

s = Kreissehne

α = Mittelpunktswinkel

Bild 5.16: **Bestimmung der Fläche der abgeformten Nuten (A_G) mit der Gleichung zur Flächenberechnung des Kreissegments [FISC05]**

Determination of molded structure cross-sectional area as a segment of circle [FISC05]

In Bild 5.17 werden die berechneten Abformgenauigkeiten der 90°-V-Nuten bei unterschiedlichen Presstemperaturen bzw. Viskositäten dargestellt. Die höchste Abformgenauigkeit von 97,8 % wurde bei 690°C erzielt. Dagegen betrug die Abformgenauigkeit bei 675°C nur 73,3 %.

T1 = 675°C	T1 = 680°C	T1 = 690 °C
$\eta = 10^{9,2}$ dPa s	$\eta = 10^{9}$ dPa s	$\eta = 10^{8,8}$ dPa s
A_F = 73,3 %	A_F = 83,4 %	A_F = 97,8 %

Bild 5.17: **Abformgenauigkeit in Prozent bei 90°-V-Nuten**

Evaluated tips of the glass molded into the 90 ° v-groove

Zusammenfassend wirken sowohl das Fließverhalten des Glases als auch die Strukturdimensionen des Formeinsatzes beim Pressen von strukturierten Linsen begrenzend. Aus Bild 5.15 wird ersichtlich, dass kleine Öffnungswinkel und große Aspektverhältnisse die Abformgenauigkeit herabsetzen.

5.3.2 Abformgenauigkeit in Abhängigkeit von der Glassorte

Molding accuracy against the glass type

Der Einfluss der Glassorte auf die Abformgenauigkeit der strukturierten Linsen wird im Folgenden anhand von gepressten Zylinderarraylinsen erläutert. Beim Pressen dieser Linsen wurden die Glassorten N-LAK9, B270 und N-FK51 verwendet. B270 ist ein Kalk-Natron-Glas, N-FK51 zählt zu den Flint-Kron-Gläsern und N-LAK9 ist ein Lanthan-Kron-Glas. Die Vogel-Fulcher-Tamman-Kurven dieser Gläser werden in Bild 5.18 dargestellt. Wie dieses Bild zeigt, ist die Viskosität von B270 weniger temperaturempfindlich als die anderen zwei Glassorten. B270 zählt somit zu den längeren Gläsern im Vergleich zu N-LAK9 und N-FK51. Die Rohlinge der verwendeten Gläser waren beidseitig optisch poliert. Sie waren 18 mm lang, 8 mm breit und 3 mm hoch.

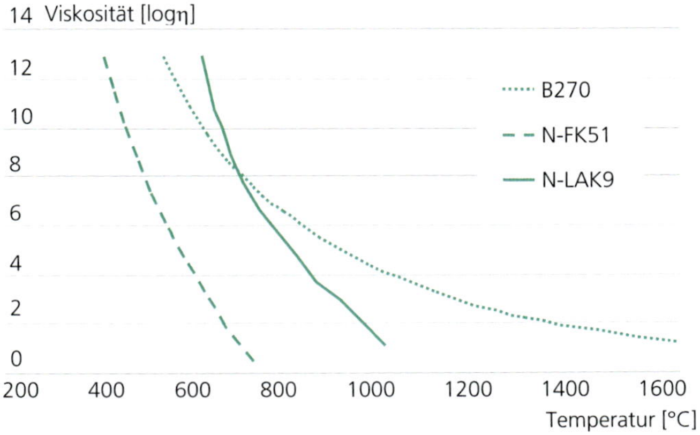

Bild 5.18: **VFT-Kurven der zur Bestimmung der Abformgenauigkeit gepressten Gläser**

VFT curves of the glasses which have been molded for determination of molding accuracy

Beim Formeinsatz handelte es sich um einen Hartmetallformeinsatz mit sphärischen Zylindernuten, der üblicherweise zur Herstellung von Kollimationslinsen für Diodenlaser eingesetzt wird. Bild 5.19 zeigt eine vereinfachte Darstellung des Formeinsatzes. Er war 15 mm lang und 15 mm breit mit sechs sphärischen Nuten. Diese Nuten wiesen einen Radius von 13 mm und eine Breite von 2,5 mm auf. Dieser Formeinsatz wurde als unterer Formeinsatz benutzt. Der obere Formeinsatz war plan und ebenfalls aus Hartmetall.

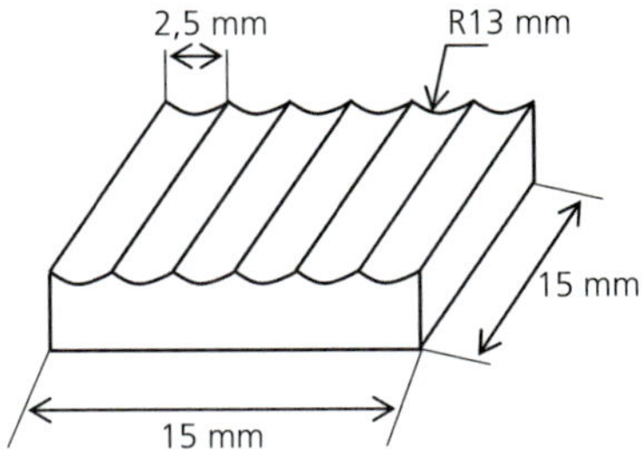

Bild 5.19: **Schematische Darstellung des Formeinsatzes mit sphärischen Zylindernuten**

Schematical presentation of insert with spherical cylinder grooves

Es wurden drei Versuchsreihen mit unterschiedlichen Viskositäten durchgeführt. Bei der ersten Reihe betrug die Viskosität 10^9 dPa·s, die dann bei der zweiten Reihe auf $10^{8,5}$ dPa·s und bei der dritten Reihe auf 10^8 dPa·s heruntergesetzt wurde. Durch die Senkung der Viskosität sollte eine bessere Abformgenauigkeit erzielt werden. Die für diese Viskositäten zutreffenden Presstemperaturen der jeweiligen Glassorten werden in Tabelle 5.7 aufgeführt.

Viskosität [dPa·s]	N-LAK9	N-FK51	B270
10^9	664	464	652
$10^{8,5}$	672	472	674
10^8	696	483	698

Tabelle 5.7: **Presstemperaturen der Gläser bei den unterschiedlichen Viskositäten**

Molding temperatures of the glasses at different viscosities

Bei allen Pressreihen betrug die Presskraft (P1) 4 kN und die Presszeit 60 s. Als Anfangsposition des unteren Formeinsatzes (Z1) wurden 62 mm und als Endposition (Z2) 64 mm eingestellt. Nachdem die Gläser 60 s lang mit 4 kN gepresst wurden, wurden sie bis 120°C unter einer Kraft von 0,2 kN abgekühlt. In Bild 5.20 ist der Formeinsatz mit den sphärischen Zylindernuten und eine bei 674°C gepresste Linse aus B270 zu sehen.

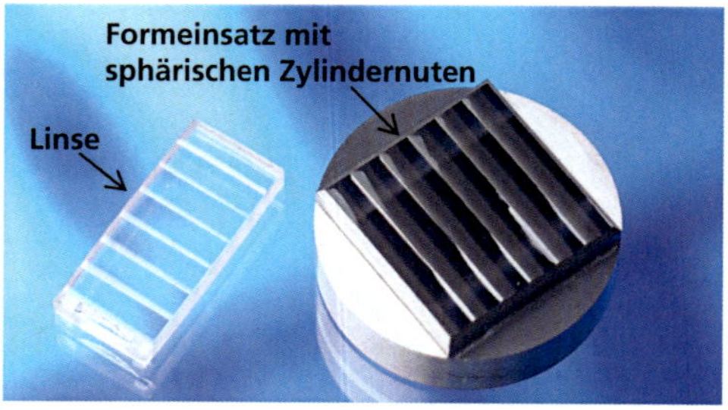

Bild 5.20: **Formeinsatz mit Zylindernuten und mit diesem Formeinsatz abgeformte Linse aus B270**

Insert with cylindrical grooves and with this insert molded B270 lens

Nicht alle der drei ausgewählten Gläser ließen sich pressen. Es war trotz einer Senkung der Viskosität nicht möglich, die Zylindernuten in Gläser der Sorte N-FK51 zu pressen. Sogar bei der relativ hohen Presstemperatur bzw. niedrigen Viskosität der dritten Versuchsreihe zerbrach N-FK51. Dagegen ließen sich die Glassorten B270 und N-LAK9 beide bei $10^{8,5}$ dPa·s und 10^{9} dPa·s pressen. Eine Übersicht zum Pressverhalten bzw. der Abformbarkeit der Glassorten bei unterschiedlichen Viskositäten gibt Tabelle 5.8.

Viskosität [dPa·s]	**N-LAK9**		**N-FK51**		**B270**	
	lässt sich pressen	lässt sich nicht pressen	lässt sich pressen	lässt sich nicht pressen	lässt sich pressen	lässt sich nicht pressen
10^{8}		**X**		**X**		**X**
$10^{8,5}$	**X**			**X**	**X**	
10^{9}	**X**			**X**	**X**	

Tabelle 5.8: **Abformbarkeit der Zylindernuten in Abhängigkeit von der Glassorte**

Moldability of cylindrical grooves depending on the glass type

Die Nutradien der gepressten Linsen bestätigten den Einfluss der Glassorte auf die Abformgenauigkeit. Die Messungen mit dem Tastschnitt-Messgerät, einem Talysurf PGI 1250, zeigten, dass die bei der Versuchsreihe mit $10^{8,5}$ dPa·s erzielten Nutradien der Linsen aus N-LAK9 im Bereich von 12,97 und 13,02 mm lagen. Im Vergleich variierten die Nutradien der Linsen aus B270 von 12,96 bis 13 mm (Bild 5.21). Die Nutradien bei N-LAK9 waren insgesamt größer und somit ähnlicher zum Nutradius des Formeinsatzes als im Fall von B270. Zusammengefasst ließ sich N-LAK9 genauer abformen als B270.

In Bild 5.21 sind die durchschnittlichen Abformgenauigkeiten von B270 und N-LAK9 Linsen zu sehen. Sie bestätigen die höhere Abformgenauigkeit der Linsen aus N-LAK9. Wie bereits erwähnt wurde, konnten keine Linsen aus der Glassorte N-FK51 gepresst werden und somit konnte die Abformgenauigkeit dieser Glassorte nicht ermittelt werden.

Prozessparameter:

- P1 = 4 kN
- PT1 = 60 s
- T1 = $T10^{8,5}$°C
- T3 = 220°C
- ST1 = 60 s
- ST2 = 360 s
- T4 = 120°C
- Z1 = 62 mm
- Z2 = 64 mm

Formeinsatz:

- Hartmetall mit Zylinderlinsenarray

Glasrohling:

- Länge = 18 mm
  Breite = 8 mm
  Tiefe = 2 mm

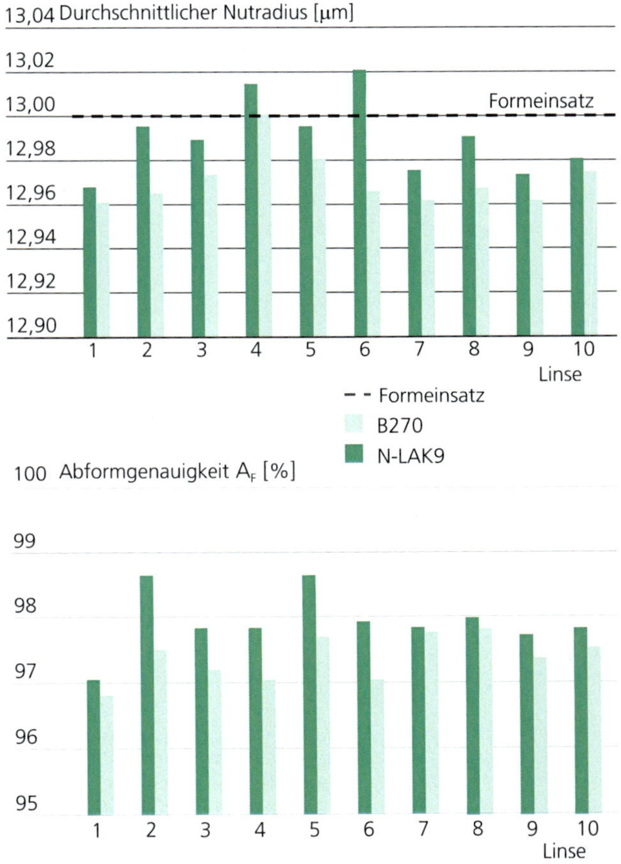

Bild 5.21: **Vergleich der durchschnittlichen BF-Radien und der Abformgenauigkeit der Nuten**

Comparison of average best fit radius and molding accuracy of molded grooves

Aufgrund des niedrigen Aspektverhältnisses wurde die Arraystruktur während des Pressvorgangs vollständig gefüllt, sodass die beobachtete Abformgenauigkeit im Fall von beiden Glassorten hoch ist. Die verbleibenden geringen Differenzen in der Abformgenauigkeit lassen sich auf die unterschiedliche thermische Ausdehnung der Gläser zurückführen. B270 besitzt einen größeren thermischen Ausdehnungskoeffizienten von 9,4 10^{-6} 1/K im Vergleich zu 7,5 10^{-6} 1/K für N-LAK9. Daher ist eine geringere Schwindung von N-LAK9 während des Abkühlens zu erwarten, sodass sich die bessere Abformgenauigkeit dieses Glases erklären lässt.

Ein weiterer Erklärungsansatz für die höhere Abformgenauigkeit der N-LAK kann von der Zusammensetzung dieses Glases abgeleitet werden. N-LAK9 besitzt mit 54,6 Gew.-% den höchsten Zwischenoxid- und Netzwerkwandleranteil von den drei untersuchten Glassorten und zeigt die höchste Abformgenauigkeit. Analog zu dem Umformgrad und der Formfüllung nimmt auch die Abformgenauigkeit der Gläser mit zunehmendem Zwischenoxid- und Netzwerkwandleranteil zu. Die geringe Schwindung des N-LAK9 kombiniert mit seiner Zusammensetzung, die einen relativ hohen nicht Netzwerkbildneranteil beinhaltet, führt zu einer besseren Abformgenauigkeit als B270 und N-FK51.

5.4 Fazit zum Umformverhalten der optischen Gläser

Conclusion of molding behavior of optical glasses

Das Ziel der in diesem Kapitel durchgeführten Untersuchungen war, das Umformverhalten von Gläsern unterschiedlicher Zusammensetzung zu beschreiben. Dafür wurden der Umformgrad, die Formfüllung sowie die Abformgenauigkeit der Gläser bestimmt und verglichen.

Zur Klärung der Abhängigkeit des Umformverhaltens von der Glaszusammensetzung wurden Stauchversuche mit Gläser unterschiedlicher Zusammensetzungen durchgeführt und die Umformgradwerte der Gläser bestimmt. Der Vergleich der Umformgradwerte, in Abhängigkeit der Bestandteile, Netzwerkbildner, Zwischenoxide und Netzwerkwandler, nach dem Dietzels Modell eingeteilt, zeigte, dass der Umformgrad mit zunehmendem Netzwerkbildneranteil tendenziell abnimmt. Mit zunehmendem Anteil an Zwischenoxiden und Netzwerkwandlern nimmt er dagegen zu. Insbesondere wird der Einfluss der Zusammensetzung deutlich, wenn Aluminiumoxid (Al_2O_3) und Zirkoniumoxid (ZrO_2) der **Fluorphosphat-Gläser** zu den Netzwerkbildnern hinzugezählt werden. In diesem Fall wurde der Zusammenhang zwischen Umformgrad und Anteil der Glasbestandteile, die keine Netzwerkbildner sind, in Gleichung 5.2 dargestellt. Weiterhin wurden die Bestandteile der Gläser nach den stöchiometrischen Wertigkeiten ihrer Kationen und Anionen unterteilt. Anhand dieser Art von Einteilung wurde festgestellt, dass die Gläser mit Fluor (F) und Phosphorpentoxid (P_2O_5) geringere Umformgradwerte haben als die Gläser mit Siliziumoxid (SiO_2). Also haben Fluor (F) und Phosphorpentoxid (P_2O_5) einen negativen Einfluss auf das Umformverhalten. Die Gläser mit vierwertigen Kationen lassen sich besser umformen als die Gläser mit fünfwertigen Kationen und besser als die Fluorphosphat-Gläser.

Außerdem wurde der Zusammenhang zwischen Umformgrad und Kompressibilität untersucht. Die Gläser mit hoher Kompressibilität verfügen tendenziell über einen hohen Umformgrad. Bei den untersuchten sechs Glassorten hatte nur eine Sorte, F2, ein Umformverhalten, das keine Korrelation mit ihrer Kompressibilität zeigte. Diese Ausnahme kann mit dem hohen SiO_2-Gehalt und der daraus resultierenden starren Netzwerkstruktur dieses Glases erklärt werden.

Zur Ermittlung der Formfüllung wurden Stauchversuche mit einem Formeinsatz mit Sackloch herangezogen. Zwischen der gemessenen Formfüllung und der Zusammensetzung der Gläser war ein Zusammenhang festzustellen. Nach diesem Zusammenhang, der sich mit Gleichung 5.3 mathematisch beschreiben lässt, zeigen die Gläser mit hohem Zwischenoxid und Netzwerkwandleranteil eine höhere Formfüllung als die Gläser mit geringerem Anteil an diesen Oxiden. Außerdem korrelieren die ermittelten Formfüllungen mit der Kompressibilität der Gläser in der Form, dass Gläser mit hoher Kompressibilität eine höhere Formfüllung aufweisen.

Weiterhin wurde durch die Untersuchungen zur Abformgenauigkeit der strukturierten Linsen festgestellt, dass die thermische Ausdehnung der Gläser einen Einfluss auf die Abformgenauigkeit hat, der von der Größenordnung allerdings deutlich unter den vorher beschriebenen Mechanismen liegt.

Zusammenfassend ist das Umformverhalten der optischen Gläser in hohem Maße von ihrer Zusammensetzung und Kompressibilität abhängig. Die Gläser mit höherem Anteil an nicht Netzwerkbildner Oxiden weisen ein besseres Umformverhalten auf, da mit zunehmenden Netzwerkwandleranteil der Umformgrad und die Formfüllung zunimmt.

Die enge Verknüpfung zwischen Umformverhalten und Zusammensetzung von Gläsern ist mit der Rolle der Zwischenoxide, die teilweise als Netzwerkwandler oder als Netzwerkbildner wirken können, und der Netzwerkwandler in der Glasstruktur zu erklären. Sie besteht aus einem Netzwerk aus ungeordnet gebundenen Si-O-Tetraedern. Dieses Netzwerk wird an einigen Stellen durch die Kationen der Netzwerkwandler gespalten und folglich entstehen Trennstellen. Mit zunehmendem Netzwerkwandleranteil nehmen die Trennstellen zu. Die Gläser mit vielen Trennstellen besitzen bei der Presstemperatur eine hohe Beweglichkeit, sodass sie sich gut umformen lassen. Einen weiteren Hinweis auf die Beweglichkeit der Netzwerkstruktur in Abhängigkeit der

Trennstellendichte geben die in Kapitel 5.1.5 aufgeführten Raman-Spektren. Nach diesen Spektren weisen die Gläser mit hohem Umformgrad einige charakteristische Spektren für die anfänglichen Bindungen nach dem Stauchen nicht mehr auf, im Gegensatz dazu behalten Gläser mit geringerem Umformgrad ihre Ausgangsstruktur bei.

6 Untersuchungen zum Formeinsatzverschleiß

Investigations for insert wear

Beim Präzisionsblankpressen werden zum Pressen bei unterschiedlichen Drücken und Temperaturen von 375°C bis 800°C hohe Anforderung an die Formeinsatzwerkstoffe gestellt. Um eine hohe Standzeit der Formeinsätze zu erreichen, werden sie aus verschleißfesten Werkstoffen hergestellt und beschichtet. Trotzdem kommt es in der Praxis zum Verschleiß. Wird der Verschleiß sichtbar, muss der Formeinsatz überarbeitet oder sogar ersetzt werden, da andernfalls die Verschleißfehler des Formeinsatzes direkt auf die gepressten Gläser übertragen werden.

Bisher sind seine Ursachen ungeklärt. Jedoch sind einige Hypothesen zu seinen Wirkmechanismen vorhanden. Diese Hypothesen wurden bereits in Kapitel 4.2 aufgeführt. Nach ihnen führt ein einzelner oder die Kombination von mehreren Mechanismen zum Verschleiß. Die erste Hypothese basiert auf der Adhäsion. Zwischen der Oberfläche des heißen Glases und der Formeinsatzoberfläche herrschen hohe Adhäsionskräfte. Deswegen bleiben nach dem Abkühlen anhaftende Glasreste an der Formeinsatzoberfläche zurück. Die zweite Hypothese sieht die Diffusion als Ursache für den Verschleiß. Die Bestandteile des Glases diffundieren in die Formeinsatzoberfläche und umgekehrt diffundieren die Bestandteile des Formeinsatzes in die Glasoberfläche. Die diffundierten Bestandteile des Glases werden nach dem Abkühlen in der Formeinsatzoberfläche als Glasreste beobachtet. Nach der dritten Hypothese kommen chemischen Reaktionen zustande, die unter normalen Bedingungen, d.h. bei Raumtemperatur, nicht stattfinden. Diese sind Oxidation und das Ätzen der Formeinsatzoberfläche während des Kontakts mit heißem Glas.

Die oben beschriebenen Mechanismen wurden anhand von zwei Strategien untersucht. Zum einen kamen Analogieversuche, Kontaktwinkelmessung und Diffusionstest zum Einsatz. Hierbei dienten die Kontaktwinkelmessungen zur Bestimmung der Adhäsionsneigung der Gläser zu den Formeinsätzen und der Diffusionstest zum Untersuchen der Diffusionsvorgänge in der Formeinsatz-Glas-Kontaktfläche. Zum anderen wurden Verschleißerscheinungen beim realen Prozess untersucht, indem Stauchversuche durchgeführt wurden. Hierfür wurden die Formeinsätze und Gläser verwendet, die auch bei den Analogieversuchen verwendet wurden. Die Verschleißerscheinungen der Stauchversuche wurden dann mit denen der Analogieversuche verglichen.

Sowohl beim durch die Adhäsion als auch durch die Diffusion verursachten Verschleiß spielt die Glassorte eine entscheidende Rolle. Dies liegt daran, dass die Adhäsionskräfte zwischen der Glassorte und die Bestandteile des Glases von der Glaszusammensetzung abhängen. Daher wurde im folgenden Kapitel neben den Mechanismen des Formeinsatzverschleißes auch der Einfluss der Glassorte auf den Formeinsatzverschleiß geprüft.

6.1 Beschreibung des Formeinsatzverschleißes anhand der Analogieversuche

Characterizations of insert wear by means of analogy experiments

Im Folgenden werden die Durchführung und Ergebnisse der Analogieversuche vorgestellt. Bei diesen Analogieversuchen handelt es sich um Kontaktwinkelmessungen und Diffusionstests. Kontaktwinkelmessungen wurden zur Untersuchung der Adhäsion zwischen heißem Glas und Formeinsatz durchgeführt. Die Diffusionstests wurden zur gezielten Erzeugung der Diffusion in der Formeinsatz-Glas-Kontaktfläche ausgeführt. Anschließend wurde die Kontaktfläche mittels Analysemethoden, Rasterelektronenmikroskop (REM) und energiedispersiver Röntgenspektroskopie (EDX), nach den Bestandteilen des Kontaktpartners untersucht.

6.1.1 Adhäsionsneigung der optischen Gläser zum Formeinsatz

Adhesion affinity of optical glasses to the insert

Die Hypothese, dass der Verschleiß durch die Adhäsion von heißem Glas verursacht wird, findet unter Experten verbreitet Zustimmung [KLUG88, RIES04]. Die Adhäsion tritt üblicherweise aufgrund von Wechselwirkungen in der Kontaktfläche der sich berührenden Oberflächen auf. Wechselwirkungen an der Oberfläche von technischen Bauteilen werden durch die spezifischen Oberflächeneigenschaften beeinflusst, sodass eine quantitative Abschätzung der auftretenden Adhäsionskräfte kaum möglich ist. Jedoch stellen Kontaktwinkelmessungen eine Methode zur qualitativen Abschätzung der Adhäsionsneigung verschiedener Substanzen dar. Mit dieser Methode lässt sich ebenfalls die Adhäsionsneigung verschiedener Glassorten zu Formeinsatzwerkstoffen bestimmen [ZHON00].

Die Adhäsionsenergie zwischen einer Flüssigkeit und einem Festkörper wird mit der Young-Dupré-Gleichung wie folgt bestimmt:

$$W_{Ad} = \gamma_{LV}(1+\cos\theta) \qquad \textbf{Gl. 6.1}$$

Nach dieser Gleichung steigt die Adhäsionsenergie W_{Ad} mit zunehmender Grenzflächenenergie γ_{LV} zwischen Flüssigkeit und Umgebungsmedium sowie mit zunehmendem Kosinuswert des Kontaktwinkels (θ). Der Kontaktwinkel ergibt sich aus dem Benetzungszustand der Flüssigkeit auf dem Festkörper. Also lässt sich mit der Kontaktwinkelmessung der Benetzungszustand quantifizieren.

Im Fall einer Benetzung ist die Adhäsionsenergie hoch. Damit ist die Adhäsionsneigung der benetzenden Flüssigkeiten zu einem festen Substrat höher als die der Flüssigkeiten, die dieses Substrat nicht benetzen. Demzufolge kann die Adhäsionsneigung optischer Gläser zu verschiedenen Formeinsatzwerkstoffen anhand der Kontaktwinkelmessungen bestimmt werden.

In dieser Arbeit wurden Messungen mit einem thermooptischen Messgerät zur Überwachung von Wärmeprozessen (TOMMI) sowie mit einem Hochtemperaturerhitzungsmikroskop durchgeführt. Der Unterschied zwischen beiden Geräten ist zum einen die Größe des Probenraums und des Messfeldes, zum anderen die Möglichkeit, definierte Atmosphären bei der Messung einzusetzen, die nur beim Hochtemperaturerhitzungsmikroskop gegeben ist.

Das thermooptische Messgerät ist eine Entwicklung des Fraunhofer-Instituts für Silicatforschung (ISC). Dieses Messgerät ist ein System aus folgenden Komponenten:

- Kammerofen mit max. 1750°C Einsatztemperatur und mit 100x50x100 mm Messfeld
- 100 W starke Halogen-Glühlampe als Lichtquelle
- CCD-Kamera mit telezentrischem Objektiv

Der Ofenraum verfügt über einen Nutzraum von 150x150x150 mm. Er ist ausreichend groß, um Formeinsatzproben in ihrer üblichen Größe aufzunehmen und kann durch zwei Sichtfenster beobachtet werden.

Zur Vorbereitung wurden Formeinsatz und Glas mit Ethanol gereinigt. Danach wurde der Formeinsatz im Kammerofen platziert. Als nächstes wurde die Glasprobe zentriert auf den Formeinsatz aufgelegt. Dann wurde der Ofen unter Normalluft bis 1000°C aufgeheizt und bei dieser Temperatur 60 s lang gehalten. Während des Aufheizens und des Haltens wurde der Schattenwurf der Glasprobe auf dem Formeinsatz mittels CCD-Kamera aufgenommen.

Als Formeinsätze wurden Zylinder der Hartmetallsorte CTU05E und aus heißisostatisch gepresstem Siliziumnitrid (HIP-Si_3N_4) mit 30 mm Durchmesser und 10 mm Höhe verwendet. Bei den Glasproben handelte es sich um 2 mm hohe beidseitig polierte Glasscheiben der Glassorten P-SK57 und B270 mit Durchmesser 2 mm. Die Glassorte P-SK57 ist ein Schwerkronglas und wird wegen seiner niedrigen Transformationstemperatur von 494°C häufig gepresst. Seine Erweichungstemperatur beträgt 593°C. B270 ist ein Kalknatronglas, das aus mehr als 51 Gew.-% SiO_2 besteht und wegen seiner Zusammensetzung eine hohe chemische Stabilität aufweist. Die Transformationstemperatur des B270 ist 531°C. Seine Schmelztemperatur beträgt 719°C. Die ungefähre Zusammensetzung dieser Gläser ist in Tabelle 6.1 aufgeführt.

Gewicht (Gew.%)	**P-SK57**	**B270**
	Zusammensetzung	**Zusammensetzung**
>10	SiO_2, B_2O_3, BaO	SiO_2
1-10	Al_2O_3, Li_2O, Na_2O, ZnO	Na_2O, K_2O, CaO, TiO_2, ZnO
<1	TiO_2, SrO, Sb_2O_3	BaO, Sb_2O_3

Tabelle 6.1: Ungefähre Zusammensetzungen von P-SK57 und B270 nach Herstellerangaben [SCHO05]

Approximate compositions of P-SK57 and B270 according to manufacturers' instructions [SCHO05]

Die Ergebnisse der Messungen am Formeinsatz aus CTU05E sind in Bild 6.1 zu sehen. Ab 600°C fängt sowohl B270 als auch P-SK57 an, seine Form zu ändern. Beide Glassorten weisen bis ca. 770°C eine ähnliche Änderung des Kontaktwinkels mit zunehmender Temperatur auf. Ab dieser Temperatur unterscheidet sich aber ihr Benetzungsverhalten. Der Kontaktwinkel von B270 auf CTU05E nimmt ab 850°C rasch zu, bei 1000°C beträgt er 123°. B270 ist bei dieser Temperatur kugelförmig und benetzt somit den Formeinsatz nicht. Der Kontaktwinkel von P-SK57 auf dem CTU05E-Formeinsatz nimmt mit zunehmender Temperatur tendenziell ab. Bei 1000°C beträgt er 70°, sodass das Glas nicht kugelförmig auf dem Formeinsatz aufliegt, sondern ihn flächig benetzt.

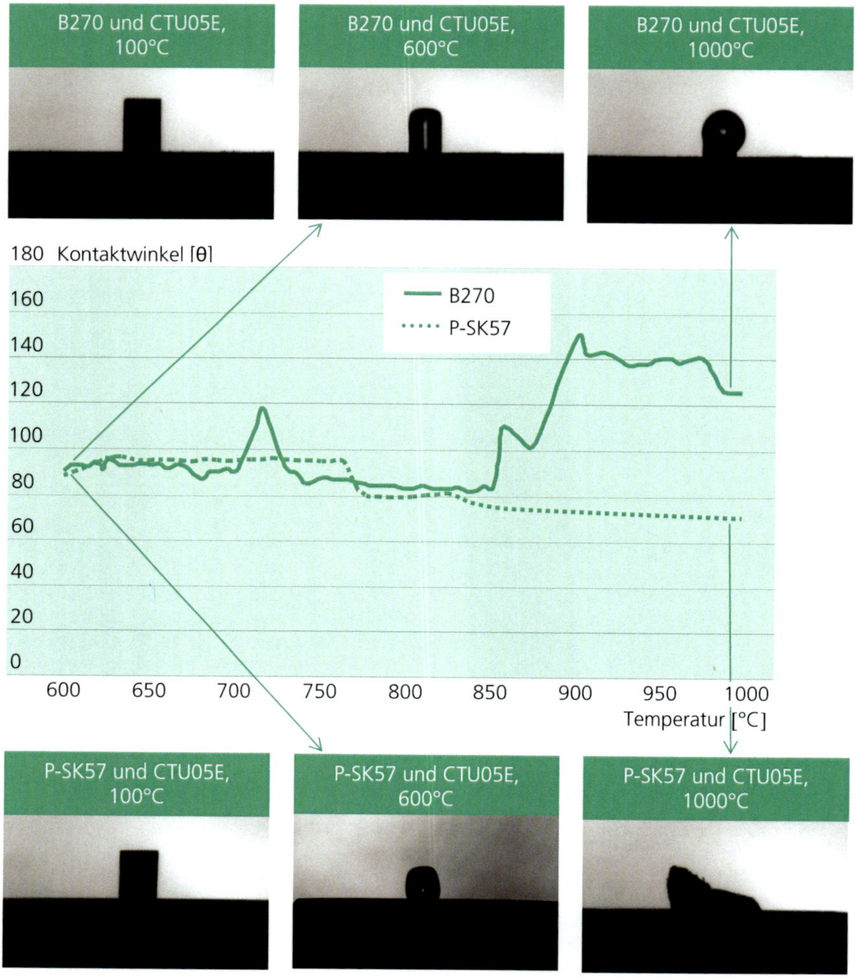

Bild 6.1: **Benetzungsverhalten des B270 und P-SK57 auf CTU05E in Abhängigkeit von der Temperatur**

Wetting behavior of B270 and P-SK57 on CTU05 depending on temperature

Das Benetzungsverhalten der Glasproben auf heißisostatisch gepresstem Siliziumnitrid (HIP-Si_3N_4) unter Normalluft-Atmosphäre ist in Bild 6.2 aufgeführt. Der Kontaktwinkel von P-SK57 nimmt ab 600°C mit zunehmender Temperatur ab. Bereits ab 700°C ist er kleiner als 40° und das geschmolzene P-SK57 verteilt sich auf der Oberfläche des Formeinsatzes und benetzt ihn nahezu vollständig. Der Kontaktwinkel von B270 auf diesem Formeinsatz verändert sich bis 800°C wenig, nimmt in der Folge aber ebenfalls mit zunehmender Temperatur ab. Bei 1000°C ist er kleiner als 20°, das Glas benetzt den Formeinsatz großflächig.

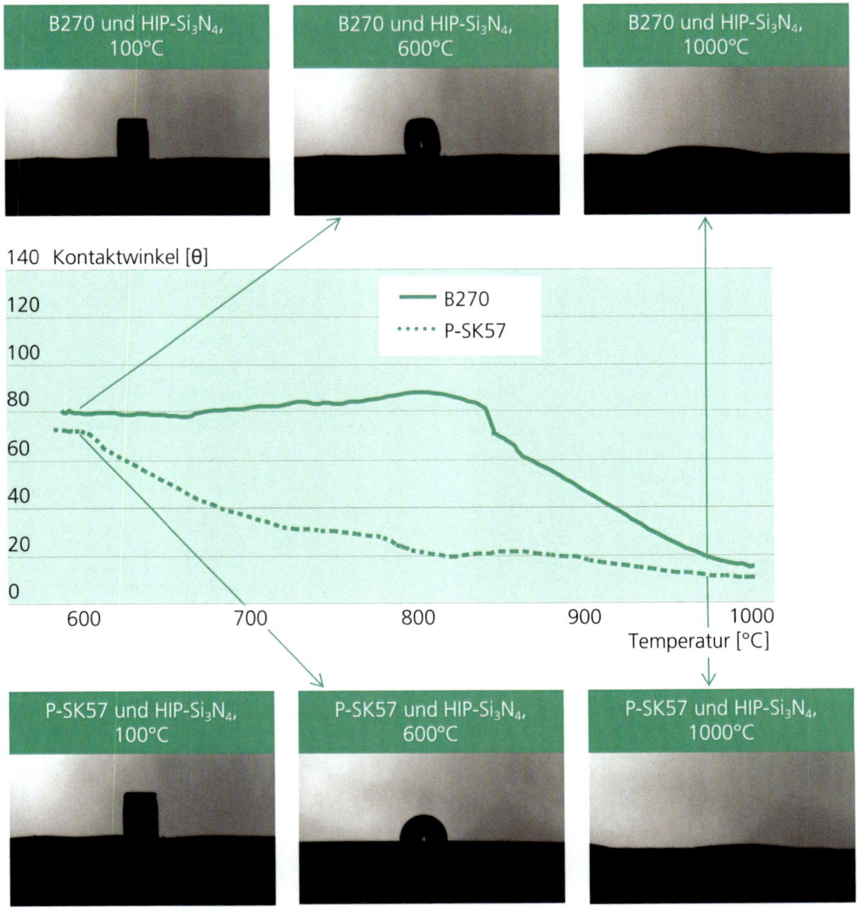

Bild 6.2: **Benetzungsverhalten des B270 und P-SK57 auf HIP-Si_3N_4 in Abhängigkeit von der Temperatur**

Wetting behavior of B270 and P-SK57 on HIP-SiN depending on temperature

Zusätzlich zu den Messungen mit dem thermooptischen Messgerät TOMMI wurden weitere Messungen mit einem Hochtemperaturerhitzungsmikroskop durchgeführt. Der entscheidende Vorteil dieses Mikroskops gegenüber TOMMI ist, dass Messungen unter Schutzgas durchgeführt werden können. Dadurch besteht die Möglichkeit, den Einfluss des Prozessgases auf das Benetzungsverhalten der Gläser ebenfalls festzustellen.

Der Aufbau des eingesetzten Hochtemperaturerhitzungsmikroskops wird in Bild 6.3 schematisch dargestellt. Es besteht aus den folgenden Komponenten:

- elektrisch beheizter Rohrofen bis max. 1500°C mit Probenbehälter,
- Temperaturmessgerät mit 1,5 % Messgenauigkeit,

- Mikroskop (*Typ Leitz II A*) mit CCD-Kamera zur Beobachtung und Aufnahme der Videoaufnahmen sowie
- 60 W starke Glühlampe als Lichtquelle.

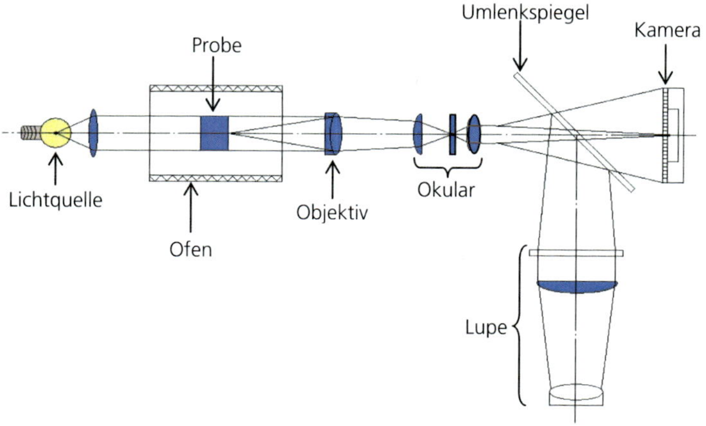

Bild 6.3: **Schematische Darstellung des Aufbaus vom Hochtemperaturerhitzungsmikroskop**

Schematical presentation of the setup of high temperature hot stage microscope

Der Nachteil des Hochtemperaturerhitzungsmikroskops besteht darin, dass sein Nutzraum klein ist. Die Formeinsätze passen mit ihrer üblichen Größe nicht in den Rohrofen des Mikroskops und müssen vorher zugeschnitten werden. Dies führt zu einem hohen Aufwand bei der Präparation der Formeinsätze.

Für die Messungen wurden 16x8x2 mm^3 große Formeinsätze aus heißisostatisch gepresstem Siliziumnitrid (HIP-Si_3N_4) und Glaskohlenstoff Sigradur G (GC) präpariert. Diese Proben und die Glasproben, beidseitig polierte Glasscheiben der Sorte B270 mit Durchmesser und Höhe von 2 mm, wurden als erstes mit Ethanol gereinigt. Danach wurde der Formeinsatz in den Kammerofen des Mikroskops eingelegt. Anschließend wurde das Glas in der Mitte des Formeinsatzes platziert. Die Messungen wurden für jede Formeinsatz-Glas-Kombination unter Normalluft (Vol.-% 78 N_2, 21 O_2) und unter Formiergas (N_2/H_2 90/10) mit einer Aufheizrate von 10 K/min durchgeführt. Der Formeinsatz und das darauf liegende Glas wurden in Intervallen von 20 s mit der Kamera aufgenommen.

Während der Messungen veränderten die Glasproben in Abhängigkeit von der Temperatur und Ofenluft ihre Form. Die Formen der Glasproben auf heißisostatisch gepresstem Siliziumnitrid-Formeinsätzen bei 1000°C sind in Bild 6.4 dargestellt. Bei der Messung unter Normalluft nimmt B270 die Form einer Halbkugel an und weist einen Kontaktwinkel von 60° auf. Somit benetzt es heißisostatisch gepresstes Siliziumnitrids (HIP-Si_3N_4). Dagegen ist der Kontaktwinkel bei den Messungen unter Formiergas bei gleicher Temperatur deutlich größer, sodass die Probe kugelförmig auf dem Formeinsatz aufliegt. Zwischen dem Formeinsatz und dem Glas ist ein Kontaktwinkel von 125° zu messen. Somit benetzt B270 den Siliziumnitrid (HIP-Si_3N_4)-Formeinsatz unter Formiergas nicht.

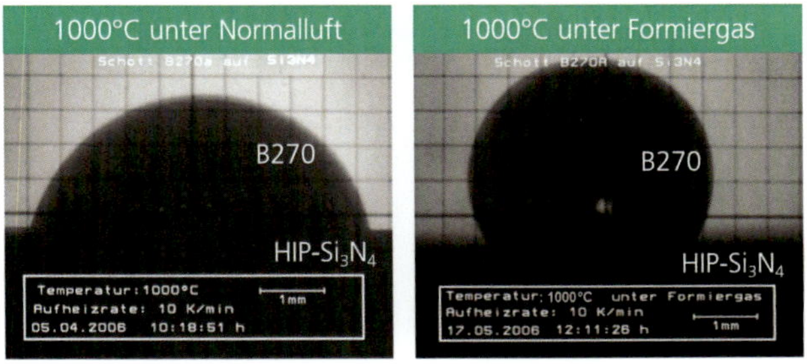

Bild 6.4: **Benetzungsverhalten von B270 auf heißisostatisch gepressten Siliziumnitrid (HIP-Si_3N_4) unter Normalluft und Formiergas**

Wetting behavior of B270 on the hot isostatic pressed silicon nitride (HIP-Si_3N_4) under normal air and forming gas

Das Verhalten der Glasproben auf den Glaskohlenstoff-Formeinsätzen bei 1000°C ist in Bild 6.5 dargestellt. Sowohl mit Normalluft als auch mit Formiergas bleiben die Kontaktwinkel größer als 90°. Damit benetzt B270 damit den Glaskohlenstoff nicht.

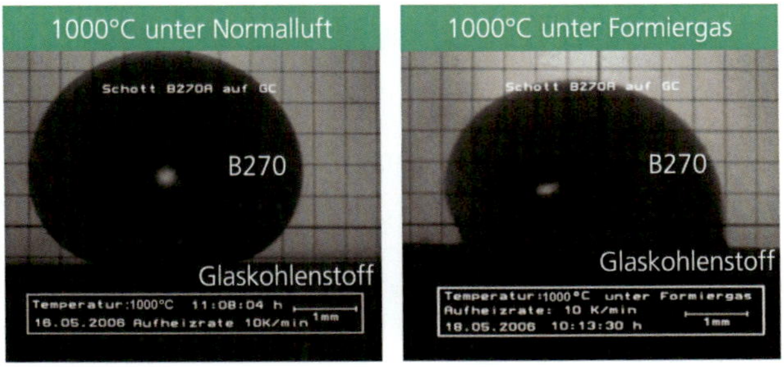

Bild 6.5: **Benetzungsverhalten von B270 auf Glaskohlenstoff unter Normalluft und Formiergas**

Wetting behavior of 270 on glassy carbon under normal air and forming gas

Die Ergebnisse der Kontaktwinkelmessungen sind in Tabelle 6.2 zusammengefasst. Diese Tabelle verdeutlicht, dass das Benetzungsverhalten von optischen Gläsern sowohl vom Formeinsatzwerkstoff als auch von der Zusammensetzung der Atmosphäre beeinflusst wird. Ein Beispiel für den Einfluss der Atmosphäre gibt das Benetzungsverhalten von B270 auf heißisostatisch gepresstem Siliziumnitrid. Obwohl es den Formeinsatz unter Formiergas nicht benetzte, benetzte es ihn unter Normalluft.

Ein Vergleich des B270 unter Normalluft auf Siliziumnitrid (HIP-Si_3N_4) und Hartmetall der Sorte CTU05E macht den Einfluss des Formeinsatzwerkstoffes deutlich. Formeinsätze aus heißisostatisch gepresstem Siliziumnitrid (HIP-Si_3N_4) werden benetzt, dies lässt auf eine starke Adhäsionsneigung zwischen Glas und dem verwendeten Siliziumnitrid schließen. Der Formeinsatz aus der Hartmetallsorte CTU05E wird hingegen nicht benetzt. Somit ist die Wahrscheinlichkeit, dass nach mehreren Presszyklen Glasreste auf einem Siliziumnitrid-Formeinsatz zu finden sind, höher als auf einem CTU05E-Formeinsatz. Wie die Hartmetallsorte CTU05E wird auch Glaskohlenstoff von B270 nicht benetzt. Daher ist ebenfalls keine Glasanhaftung auf dem Formeinsatz aus Glaskohlenstoff zu erwarten.

Eine weitere Erkenntnis aus den durchgeführten Messungen ist, dass die optischen Gläser ein glasspezifisches Benetzungsverhalten aufweisen. Wie in Tabelle 6.2 zu sehen ist, wird die Hartmetallsorte CTU05E bei gleichen Messbedingungen von B270 nicht benetzt; jedoch von P-SK57. Demzufolge ist eine Glasanhaftung auf einem CTU05E-Formeinsatz nach einem Kontakt mit heißem P-SK57 zu erwarten, nicht aber mit B270.

		B270		P-SK57	
		Benetzend	nicht benetzend	benetzend	nicht benetzend
HIP-Si_3N_4	Formiergas		X		
	Normalluft	X		X	
GC	Formiergas		X		
	Normalluft		X		
CTU05E	Normalluft		X	X	

Tabelle 6.2 **Zusammenfassung der Ergebnisse aus den Kontaktwinkelmessungen**

Summarization of the results of contact angle measurements

6.1.2 Diffusion in die Formeinsatz-Glas-Grenzfläche

Diffusion in the insert and glass interface

Der physikalische Vorgang der Diffusion tritt auf, wenn die Bestandteile der in Kontakt stehenden Medien eine hohe Affinität zueinander haben. Infolge der hohen Affinität findet eine Bewegung von Bestandteilen eines Körpers in die Oberfläche des Kontaktpartners statt. Findet eine Diffusion der reaktiven Glasbestandteile während des Pressens in die Formeinsatzoberfläche statt, ist Formeinsatzverschleiß zu erwarten. Eine Möglichkeit zur Untersuchung der Diffusionsneigung in der Formeinsatz-Glas-Kontaktfläche ist der Diffusionstest, bei dem unter Temperatureinwirkung Verschleiß stattfindet und anschließend analysiert wird.

Der Temperatur-Zeit-Verlauf des durchgeführten Diffusionstests ist exemplarisch in Bild 6.6 dargestellt. Hierbei wurden als erstes die Formeinsätze und Glasproben mit Isopropanol gesäubert. Danach wurden die Formeinsätze, auf denen die Glasproben waren, auf einen Wolframbehälter gelegt und im Ofen mit 15 K/min Aufheizgeschwindigkeit bis zu $T_{10}^{13,3}$°C aufgeheizt. Bei dieser Temperatur beträgt die Viskosität der Gläser $10^{13,3}$ dPa·s. Als nächstes wurden sie mit 5 K/min Aufheizgeschwindigkeit weiter bis zu T_{10}^{10}, bei der die Viskosität 10^{10} dPa·s ist, aufgeheizt. Anschließend wurden sie bei T_{10}^{10} 168 Std. lang gehalten. Zum Schluss wurden sie auf Raumtemperatur abgekühlt.

Die Haltezeit des Diffusionstests wurde erheblich länger als die Prozesszeit beim Präzisionsblankpressen eingestellt, um so die Wirkungszeit der Diffusion zu verlängern. Somit konnten Diffusionsvorgänge, die im realen Prozess nach mehreren Presszyklen auftreten, während nur eines Tests beobachtet werden.

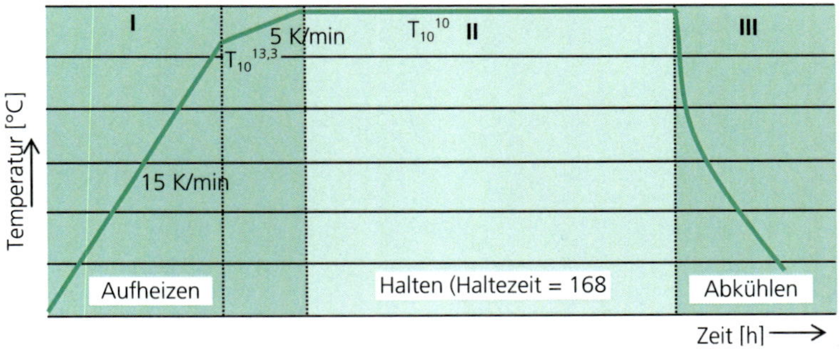

Bild 6.6: **Ablauf des Diffusionstests**

Procedure of diffusion test

Die für die Diffusionstests verwendeten zylindrischen Glasproben waren beidseitig plan und poliert. Sie wiesen einen Durchmesser von 10 mm auf und waren 5 mm dick. Bei den Gläsern handelte es sich, analog zu den Benetzungswinkelmessungen, um die Sorten B270 und P-SK57. Die Zusammensetzung dieser Gläser wurde bereits in Tabelle 6.1 aufgeführt. Der verwendete Stickstoff hatte eine Volumenreinheit von 99,999%, das Durchflussvolumen wurde zu 20 l/min gewählt. Die ebenfalls beidseitig planen und optisch polierten Formeinsätze waren aus den Hartmetallsorten CTU05E, CTN01L, J05 sowie aus zwei keramischen Werkstoffen, heißisostatisch gepresstem Siliziumnitrid (HIP-Si_3N_4) und Glaskohlenstoff (GC). Die Herstellerangaben zu diesen Werkstoffen wurden bereits in Tabelle 4.1 vorgestellt.

Nach den Diffusionstests wurde zunächst die makroskopische Oberflächenänderung der Formeinsätze anhand von Photoaufnahmen dokumentiert. Danach wurde die Oberfläche auf mikroskopische Änderungen und Defekte untersucht. Dabei kam das Rasterelektronenmikroskop (REM) GEMINI von *Carl Zeiss AG* zum Einsatz. Die Oberflächenzusammensetzung der Formeinsätze wurde vor und nach den Diffusionstests anhand von energiedispersiven Röntgenspektroskopie (EDX)-Analysen bestimmt. Außerdem wurde die Verteilung der reaktiven Formeinsatz-Glas-Bestandteile, die in die Oberfläche der Kontaktpartner diffundiert waren, anhand quantitativer Elementbilder (QuantMap-Bilder) festgehalten. Bei der Erstellung eines solchen Elementbildes wird die untersuchte Oberfläche mit dem Röntgenstrahl gescannt. Danach wird die von der Probenoberfläche zurückkommende Strahlung in definierten Zeitabständen aufgenommen. Die aufgenommene Röntgenstrahlung pro Zeiteinheit bildet die kleinste Einheit des Gesamtbildes der Oberfläche. Durch Zusammenfügen einer Serie von Bildern wird dann ein quantitatives Elementbild der gesamten Oberfläche erzeugt [OXFO06].

Ergebnisse der mit den Hartmetallformeinsätzen (WC/Co und WC) durchgeführten Diffusionstests

Der Zustand der Hartmetallformeinsätze nach den Diffusionstests ist in Bild 6.7 dargestellt. Wie in diesem Bild zu sehen ist, können verschiedene Oberflächenbereiche unterschieden werden. Die Oberflächenbereiche, auf denen während des Tests Glas lag bzw. die mit dem Glas in Kontakt gekommen waren, unterschieden sich von den Oberflächenbereichen, die keinen Kontakt mit dem Glas hatten. Zwischen diesen beiden Bereichen hatte sich ein Übergangsbereich mit unklaren Grenzen gebildet. Diese drei Oberflächenbereiche, mit und ohne Glaskontakt sowie der Übergangsbereich, waren außer bei der Kombination CTN01L und B270 bei allen anderen Hartmetallformeinsatz–Glas–Kombinationen makroskopisch festzustellen.

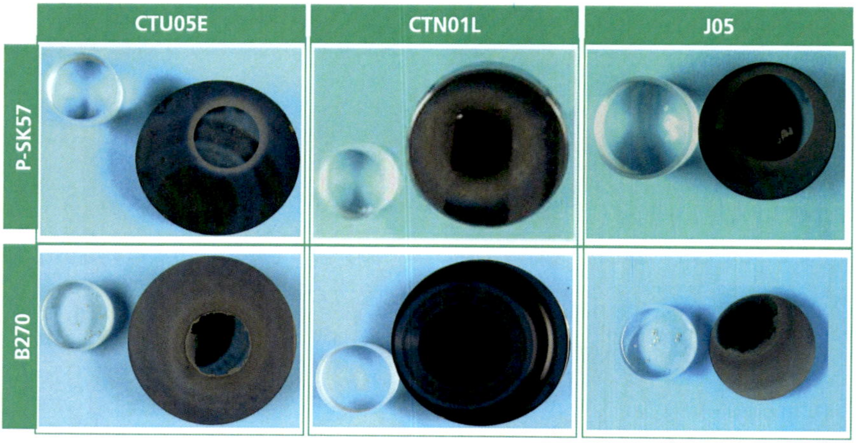

Bild 6.7: **Hartmetall-Formeinsätze und die Glasproben nach den Diffusionstests**

Tungsten carbide inserts and glass samples after the annealing tests

Die REM-Aufnahmen der Formeinsätze zeigen, dass sich die Oberflächenbereiche mit und ohne Glaskontakt nicht nur farblich unterscheiden, sondern auch durch ihre Struktur. Dieser Unterschied wird in Bild 6.8 aus Aufnahmen mit 30- und 200-facher Vergrößerung deutlich. Die Oberflächenbereiche, die während des Diffusionstests mit P-SK57 in Kontakt waren, haben eine homogenere Oberflächenstruktur als die Bereiche ohne Glaskontakt. Die Bereiche mit und ohne Glaskontakt zeigen bei der Glassorte B270 weniger Unterschiede als bei P-SK57. Die Oberflächenbereiche haben keine ausgeprägten Grenzen und laufen ohne klare Grenzen übereinander.

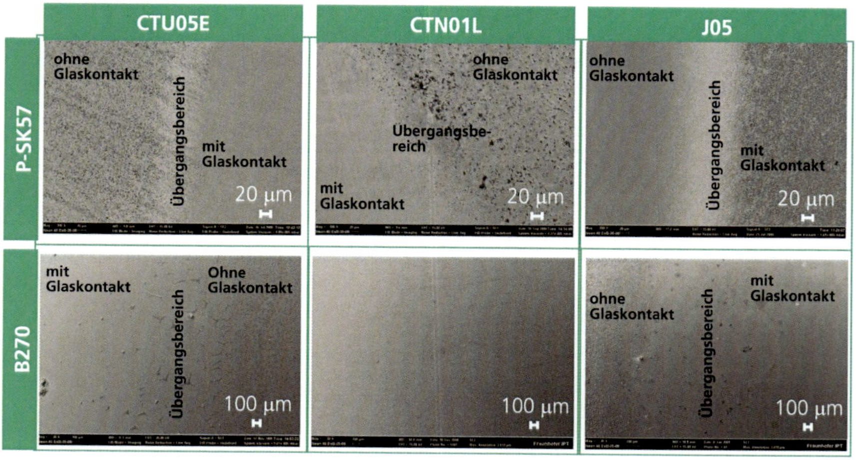

Bild 6.8: **Oberflächen der Hartmetall-Formeinsätze nach den Diffusionstests**

Surfaces of tungsten carbide inserts after the diffusion tests

Die unterschiedlichen Oberflächenbereiche mit und ohne Glaskontakt sowie der Übergangsbereich der Formeinsätze nach dem Diffusionstest mit der Glassorte P-SK57 sind in Bild 6.9 in 1000-fach vergrößerten REM-Aufnahmen zu sehen. Diese Aufnahmen zeigen, dass der Oberflächenbereich ohne Glaskontakt eine grobe Struktur besitzt, in der das Gefüge des Werkstoffes sichtbar wird. Insbesondere hat sich bei CTN01L eine grobe Karbidphase gebildet. Bei allen Hartmetallsorten bestand der Übergangsbereich aus einer Mischung von Strukturen der Oberflächen aus den Bereichen mit und ohne Glaskontakt. Der Oberflächenbereich mit Glaskontakt wies ein relativ feines Oberflächenbild auf. Zusammenfassend verdeutlichen die 1000-fach vergrößerten REM-Aufnahmen, dass der Oberflächenbereich ohne Glaskontakt eine grobkörnige Struktur und der Oberflächenbereich mit Glaskontakt eine deutlich feinere Oberfläche aufweist.

Bild 6.9: **1000-fache REM-Aufnahmen der Hartmetall-Formeinsätze nach den Diffusionstests mit der Glassorte P-SK57**

1000-times magnified SEM micrograph of tungsten carbide samples after the diffusion tests with the glass type P-SK57

Der Oberflächenbereich mit Glaskontakt unterscheidet sich nicht nur von dem Bereich, der ohne Glaskontakt war, sondern er unterscheidet sich ebenfalls vom für das Hartmetall typischen Gefügebild [Bild 2.16]. Ein Vergleich des Oberflächengefüges im Ausgangszustand und nach dem Diffusionstest wird in Bild 6.10 anhand einer 10000-fach vergrößerten REM-Aufnahme eines J05-Formeinsatzes dargestellt. Das Oberflächengefüge des J05-Formeinsatzes ist vor dem Diffusionstest bzw. im Ausgangszustand intakt. Die einzelnen Karbidkörner sind nicht zu sehen. Laut der REM-Aufnahme nach dem Diffusionstest mit der Glassorte P-SK57 setzt sich das Gefüge an der Oberfläche aus Karbidkörnern und deutlich zu erkennenden Korngrenzen zusammen. In der Oberfläche sind große Lücken zu sehen. Dies ist ein Hinweis darauf, dass die Oberflächen der Hartmetallformeinsätze während des Kontakts mit dem heißen Glas geätzt werden. Hiervon ist vorwiegend die metallische Binderphase betroffen, die von dem korrosiven Angriff stärker betroffen ist als die chemisch stabileren Karbidkörner.

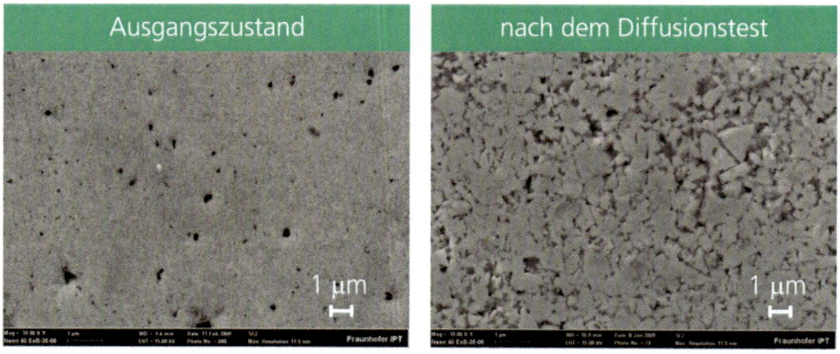

Bild 6.10: **Oberflächengefüge des J05-Formeinsatzes vor und nach dem Diffusionstest**

Surface microstructure of J05 insert before and after the diffusion test

Auch nach dem Diffusionstest mit B270 sind die Bereiche mit und ohne Glaskontakt in den Oberflächen der Formeinsätze aus CTU05E und J05 mikroskopisch zu unterscheiden. Dieser Unterschied wird in Bild 6.11 anhand von 1000-fach vergrößerten REM-Aufnahmen verdeutlicht. Die Oberflächenbereiche ohne Glaskontakt besitzen nach dem Diffusionstest sowohl mit B270 als auch mit P-SK57 eine grobkörnige Oberflächenstruktur. Die Bereiche mit Glaskontakt zeigen dagegen eine feine, homogene Oberfläche.

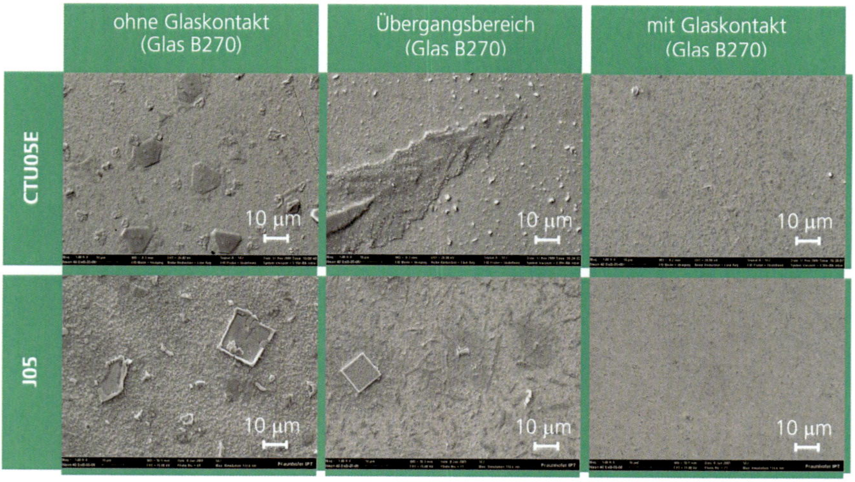

Bild 6.11: **1000-fache REM-Aufnahmen der Hartmetall-Formeinsätze nach den Diffusionstests mit der Glassorte B270**

1000-times magnified SEM micrographs of tungsten carbide samples after the diffusion tests with the glass type B270

Nachdem festgestellt wurde, dass die Oberflächenbereiche mit und ohne Glaskontakt sich mikroskopisch durch ihre Gefüge unterscheiden, wurden auch die möglichen Unterschiede ihrer Zusammensetzung mittels EDX-Analysen untersucht. Diese Analysen zeigen, dass die Bestandteile Wolfram (W) und Kobalt (Co) des Hartmetalls in allen Oberflächenbereichen gleichmäßig verteilt sind. Allerdings variieren die Sauerstoff- und Kohlenstoffanteile. Der Sauerstoffanteil ist unabhängig von der untersuchten Hartmetallsorte im Bereich ohne Glaskontakt am größten und im Bereich mit Glaskontakt am geringsten. Die Gewichtsanteile von Sauerstoff (O_2) und Kohlenstoff (C) sind in Abhängigkeit vom Oberflächenbereich und der Hartmetallsorte in

Bild 6.12 dargestellt. Dieses Bild veranschaulicht, dass im Oberflächenbereich mit dem höchsten Sauerstoffgehalt der geringste Kohlenstoffgehalt zu finden ist und umgekehrt.

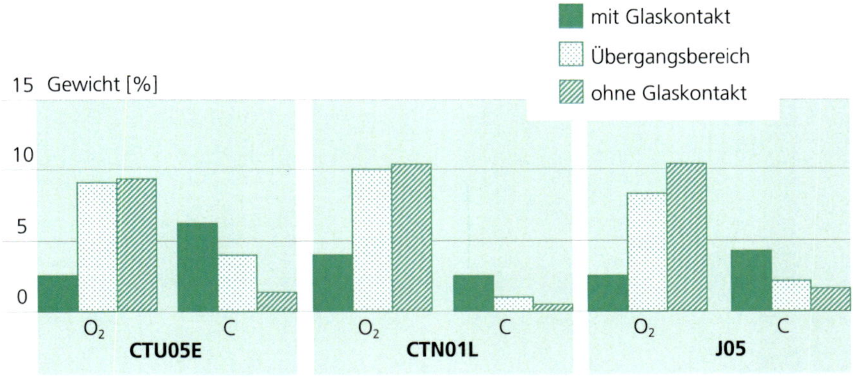

Bild 6.12: Gewichtsanteil an Sauerstoff (O_2) und Kohlenstoff (C) in der Formeinsatzoberfläche nach den Diffusionstests mit P-SK57

Weight percentage of Oxygen (O) and carbon(C) in insert surface after the diffusion tests with P-SK57

Als Grund dafür, dass der Oberflächenbereich mit dem höchsten Sauerstoffgehalt den geringsten Kohlenstoffgehalt aufweist, wird eine Reaktionskette vermutet. Diese Reaktionskette besteht aus drei Schritten. Als erstes findet die Reduktion der im Glas vorhandenen reaktiven Bestandteile statt. Ein Beispiel für solche Bestandteile ist Antimonoxid (Sb_2O_3), dessen Reaktionsgleichung zur Reduktion in Gleichung 6.2 dargestellt ist. Danach führt der durch die Reduktion des Antimonoxids (Sb_2O_3) freigewordene Sauerstoff (O_2) zur Oxidation des Hartmetalls, die gemäß Gleichung 6.3 und 6.4 erfolgen kann.

$$Sb_2O_3 \rightarrow 2Sb + \tfrac{1}{2}O_2 \qquad \textbf{Gl. 6.2}$$

$$WC + \tfrac{5}{2}O_2 \rightarrow WO_3 + CO_2 \qquad \textbf{Gl. 6.3}$$

$$WC + 2O_2 \rightarrow WO_3 + CO \qquad \textbf{Gl. 6.4}$$

Die Oxidation des Hartmetalls führt zur Bildung eines Kohlendioxid- und Kohlenmonoxidgemischs, das gasförmig ist und sich mit dem Ofengas durchmischt. Die Bildung dieses Gemisches findet unter Verbrauch des Kohlenstoffs (C) des oxidierten Oberflächenbereichs statt. Daher weisen die oxidierten Oberflächenbereiche weniger Kohlenstoff (C) als diejenigen Bereiche auf, die geringfügiger oxidiert sind. Dieser Vorgang ist in Bild 6.13 schematisch dargestellt. Die reaktiven Bestandteile des Glases, im Bild Antimonoxid (Sb_2O_3), werden reduziert und Sauerstoff (O_2) wird freigesetzt. Freigesetzter Sauerstoff (O_2) geht in das Ofengas über und verursacht die Oxidation des Hartmetalls. Während der Oxidation geht Kohlenstoff (C) mit Sauerstoff eine Verbindung ein. Dadurch wird ein Kohlendioxid- und Kohlenmonoxidgemisch gebildet. Dieses Gemisch geht in das Ofengas über und folglich sinkt der Kohlenstoffgehalt in der Formeinsatzoberfläche.

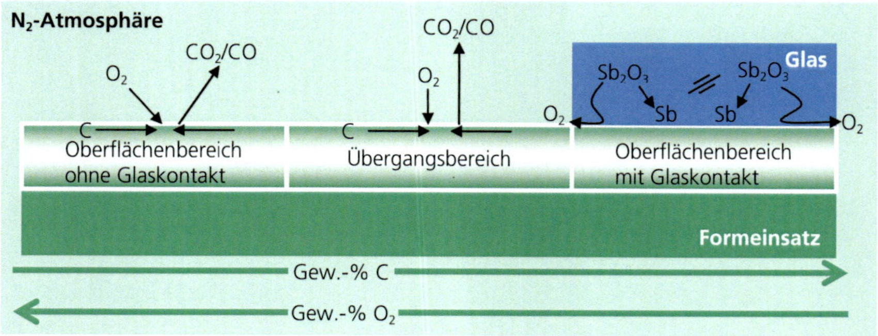

Bild 6.13: **Schematische Darstellung der in der Formeinsatz-Glas-Kontaktfläche stattfindenden Reaktionen**

Schematic presentation of reactions at the insert and glass contact surface

Nach den Diffusionstests wurden auch die Oberflächen der Gläser mit dem Rasterelektronenmikroskop (REM) untersucht. Dabei wurden unabhängig von der getesteten Hartmetallsorte Blasen an der Oberfläche der Glasproben festgestellt. Diese Blasen sind exemplarisch für die mit J05 getesteten Gläser in Bild 6.14 dargestellt. Nach diesem Bild hatte die Glassorte P-SK57 verglichen mit B270 weniger Blasen.

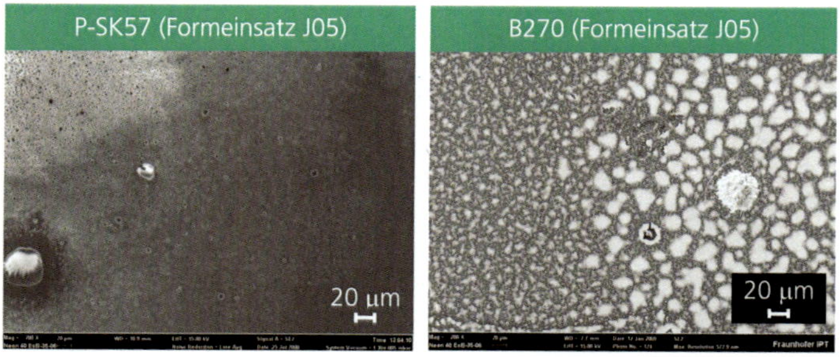

Bild 6.14: **In der Glasoberfläche durch die Diffusionstests mit den J05-Formeinsätzen entstandenen Blasen**

Bubbles in the glass surface, which are caused by the diffusion tests with the J05E inserts

Die Blasen in der Glasoberfläche sind vermutlich auf die Reduktion der Glasbestandteile zurückzuführen. Während der Reduktion wird gasförmiger Sauerstoff (O_2) gebildet. Wenn dieser Sauerstoff (O_2) vor der Abkühlung des Glases nicht nach außen gelangen kann, bleibt er in der Glasoberfläche gefangen und bildet Blasen.

Folglich weist das Glas nach den Diffusionstests aufgrund der Blasenbildung seine anfängliche Oberflächenqualität nicht mehr auf. Ob sich die Zusammensetzung der Glasoberfläche ebenfalls durch die Diffusionstests verändert hatte, wurde mittels EDX-Analysen geprüft. Diese Analysen wurden an einem Querschliff der Gläser durchgeführt. Es wurde die Zahl der einzelnen Elemente ausgehend von der Oberfläche mit Formeinsatzkontakt bis in 70 µm Tiefe bestimmt. In Bild 6.15 sind die im Querschnitt einer B270-Glasprobe bestimmten Elemente dargestellt. Dabei ist zu sehen, dass sowohl Kobalt (Co) als auch Wolfram (W) in geringen Mengen im Glasquerschnitt vorhanden waren. Ihre Anwesenheit ist ein Hinweis auf die Diffusion von den Bestandteilen der Hartmetalle in die Glasoberfläche.

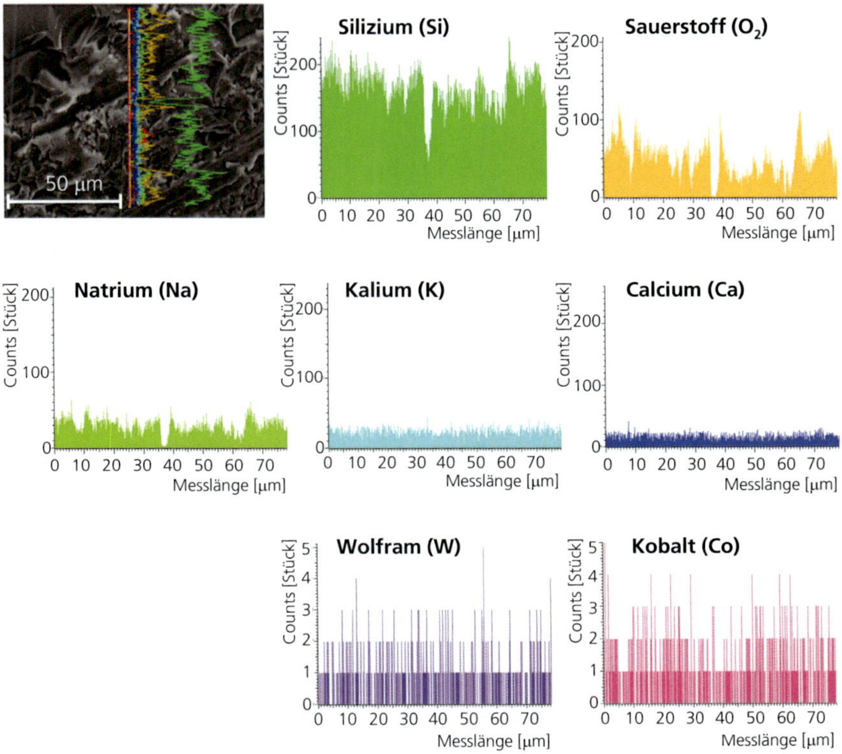

Bild 6.15: **Elementare Zusammensetzung des Glasquerschnitts bis 70 µm Tiefe von der Oberfläche mit Hartmetallkontakt**

Elemental composition of glass cross section up to 70 µm depth from the surface with tungsten carbide contact

Zusammenfassend haben die Diffusionstests mit den Hartmetallformeinsätzen Hinweise auf mehrere Wirkmechanismen gegeben, die in der Formeinsatz-Glas-Kontaktfläche stattfinden. Zum einen wird der Oberflächenbereich, der während des Diffusionstests mit dem Glas Kontakt hat, durch die reaktiven Bestandteile des Glases geätzt. Zum anderen zeigen die Formeinsatzmaterialien eine hohe Affinität zum Sauerstoff (O_2). Als Folge dieser Affinität oxidiert die Formeinsatzoberfläche. Außerdem zeigen sie, dass sowohl die Bestandteile des Glases als auch die des Formeinsatzes in die Oberfläche des Kontaktpartners diffundieren.

Ergebnisse der mit den keramischen Formeinsätzen (HIP-Si_3N_4 und GC) durchgeführten Diffusionstests

Die Oberfläche der Formeinsätze aus heißisostatisch gepresstem Siliziumnitrid (HIP-Si_3N_4) und Glaskohlenstoff (GC) zeigen nach den Diffusionstests mit P-SK57 keine makroskopischen Änderungen. Sie besitzen immer noch die gleiche optische Qualität ihres Ausgangszustands. Auch nach den Diffusionstests mit B270 sind zunächst keine makroskopischen Defekte zu beobachten. Eine mikroskopische Untersuchung zeigt allerdings, dass auf der Oberfläche des heißisostatisch gepressten Siliziumnitrid (HIP-Si_3N_4) Glasanhaftungen zu finden sind. Diese Glasanhaftungen sind in Bild 6.16 dargestellt. Die größte Anhaftung ist ca. 80 µm lang und 30 µm breit. Auf der Oberfläche des Glaskohlenstoffs ist keine Glasanhaftung zu beobachten. Allerdings unterscheidet sich der Oberflächenbereich mit Glaskontakt farblich vom Bereich ohne Glaskontakt. Diese Veränderung war mit keinem Gefügeunterschied kausal zu verbinden.

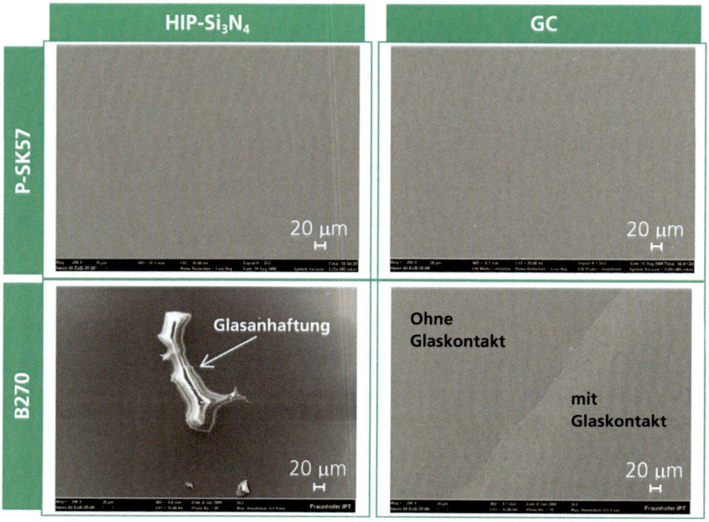

Bild 6.16: **Oberflächen der keramischen Formeinsätze nach den Diffusionstests**

Surfaces of ceramic inserts after the annealing tests

Die Gläser zeigten ebenfalls nach den Diffusionstests mit keramischen Formeinsätzen Blasen in ihren Oberflächen. Die REM-Aufnahmen der mit heißisostatisch gepressten Siliziumnitrid (HIP-Si_3N_4)-Formeinsätzen getesteten Gläser sind in Bild 6.17 zu sehen. Die Gläser, die mit den Glaskohlenstoff-Formeinsätzen gestestet wurden, zeigen das gleiche Gefügebild. Die Blasen unterscheiden sich allerdings von denen, die durch Diffusionstests mit den Hartmetallformeinätzen entstanden sind. Im Vergleich sind weniger Blasen vorhanden, die kleinere Durchmesser aufweisen.

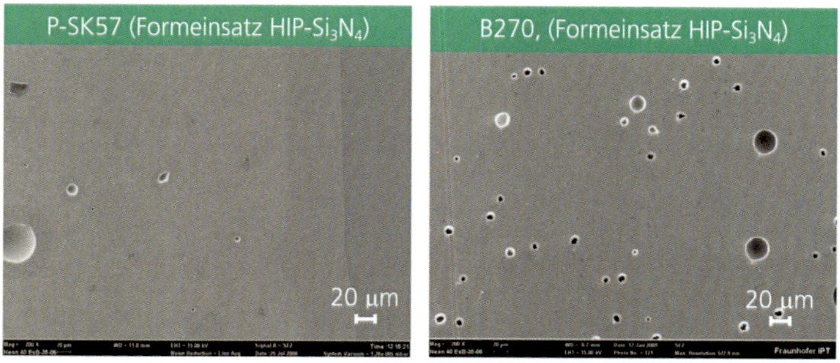

Bild 6.17: **In der Glasoberfläche durch die Diffusionstests mit den heißisostatisch gepressten Siliziumnitrid-Formeinsätzen entstandenen Blasen**

Bubbles in the glass surface caused from the diffusion tests with the hot isostatic pressed silicon nitride inserts

Zusammenfassend haben die Diffusionstests mit den keramischen Formeinsätzen gezeigt, dass die Verschleißmechanismen der Formeinsätze aus Keramiken sich von denen aus Hartmetallen unterscheiden. Formeinsätze aus heißisostatisch gepresstem Siliziumnitrid (HIP-Si_3N_4) verschleißen vor allem durch Glasanhaftungen bzw. Adhäsion des heißen Glases auf der Oberfläche. Bei Glaskohlenstoff tritt eine farbliche Änderung auf, die auf keine Gefügeänderung zurückzuführen ist. Für die Ausprägung des Verschleißes sind sowohl der Formeinsatzwerkstoff als auch die Glassorte entscheidend.

6.1.3 Beitrag der Analogieversuche zur Klärung des Formeinsatzverschleißes

Contribution of analogy tests for the clarification of insert wear

Die Kontaktwinkelmessungen und Diffusionstests wurden als Analogien zum Präzisionsblankpressen durchgeführt. Ihre Ergebnisse wurden bereits in den Kapiteln 6.1.1 und 6.1.2 vorgestellt. In diesem Kapitel wird auf die Verschleißerscheinungen, die während des realen Pressprozesses auftreten, eingegangen. Diese werden dann mit den Verschleißerscheinungen, die während der Analogieversuche auftraten, verglichen. Aus dem Vergleich wird die Relevanz der Analogieversuche auf den realen Prozess abgeleitet.

Für diesen Zweck wurden als erstes mit ausgewählten Formeinsatz-Glas-Kombinationen Stauchversuche durchgeführt und die aufgetretenen Verschleißerscheinungen bestimmt. Die Glasproben der Glassorte B270 maßen 10 mm im Durchmesser und 5 mm in der Höhe. Sie waren beidseitig optisch poliert. Als Formeinsätze wurden die Hartmetallsorten CTU05E und CTN01L sowie keramische Formeinsätze aus Glaskohlenstoff und heißisostatisch gepresstem Siliziumnitrid (HIP-Si_3N_4) verwendet. Diese beidseitig polierten Formeinsätze maßen 30 mm im Durchmesser und 10 mm in der Höhe. Die Presstemperatur (T1) betrug 674°C. Mit jedem Formeinsatz wurden 20 Stauchzyklen mit 60 sec. Presszeit (PT1) und 4 kN Presskraft (P1) durchgeführt.

Die Zustände der Hartmetall- und Keramikformeinsätze nach 20 Stauchzyklen sind in Bild 6.18 zu sehen. In den Oberflächen der Hartmetallformeinsätze hatten sich wie bei den Analogieversuchen drei unterschiedliche Bereiche gebildet. Außerdem war der CTU05E-Formeinsatz vor den Stauchversuchen glänzend und danach matt. Bei den keramischen Formeinsätzen waren keine Unterschiede der Oberflächenbereiche mit und ohne Glaskontakt festzustellen. Allerdings waren bei dem Formeinsatz aus heißisostatisch gepressten Siliziumnitrid (HIP-Si_3N_4) makroskopische Glasanhaftungen festzustellen. Die Glasanhaftung befand sich in der Mitte des Formeinsatzes und wirkte auf den ersten Blick wie ein Kratzer. Die Oberfläche des Glaskohlenstoff-Formeinsatzes hatte sich farblich verändert. Sie war nicht mehr schwarz wie vor den Stauchzyklen, sondern hatte auf der Oberfläche verteilte graue Flecken.

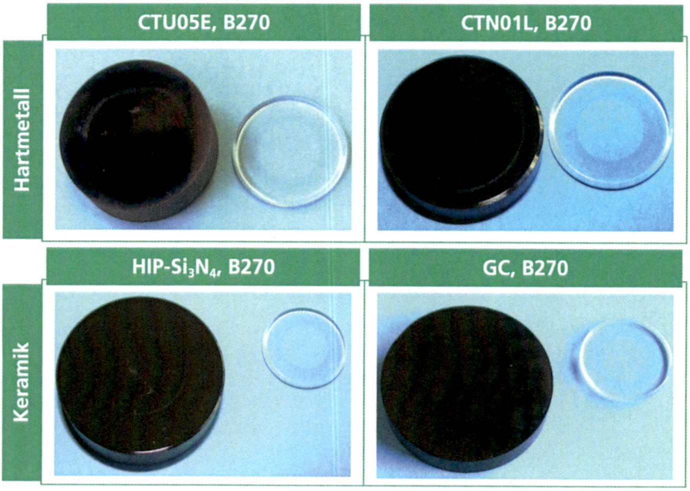

Bild 6.18: **Hartmetall- und Keramik-Formeinsätze sowie die Glasproben nach den Stauchversuchen**

Tungsten carbide and ceramic inserts as well as the glass samples after the compression tests

Die nach den Stauchversuchen festgestellten Verschleißerscheinungen zeigen eine Übereinstimmung mit denen, die nach den Diffusionstests beobachtet wurden. Sowohl nach den Diffusionstests als auch nach den Stauchversuchen waren bei den Hartmetallformeinsätzen die Bereiche mit und ohne Glaskontakt farblich zu unterscheiden. Außerdem waren diese beiden Bereiche durch einen Übergangsbereich getrennt. Die Oberflächen des CTU05E-Formeinsatzes nach den Stauchversuchen und den Diffusionstests mit der Glassorte B270 sind in Bild 6.19 zu sehen. Dieses Bild zeigt, dass neben den Oberflächenbildern auch die Gefüge der Formeinsätze ähnliche Merkmale zeigen. Der Oberflächenbereich mit Glaskontakt ist feinkörnig und wird durch einen Übergangsbereichs vom Bereich ohne Glaskontakt getrennt.

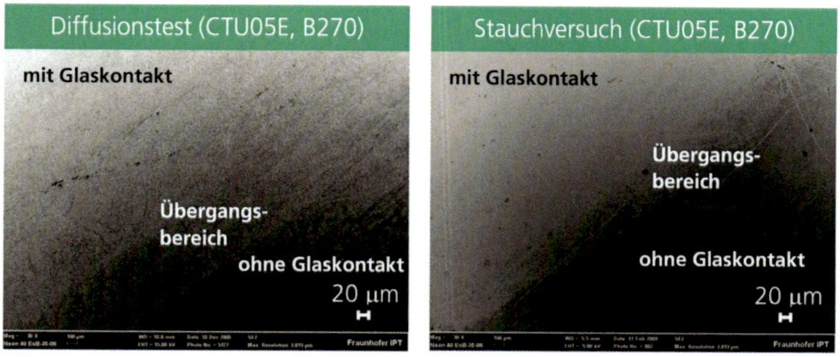

Bild 6.19: **CTU05E-Formeinsatz nach den Diffusionstests und den Stauchversuchen mit der Glassorte B270**

CTU05E insert after the diffusion and compression tests with the glass type B270

Neben den Formeinsätzen wurden auch die gestauchten Gläser nach Diffusionsspuren untersucht. In Bild 6.20 sind die quantitativen Elementbilder von Wolfram (W) und Kobalt (Co) in den Glasoberflächen dargestellt. Demnach sind Bestandteile des Hartmetallformeinsatzes in der Oberfläche des Glases zu finden.

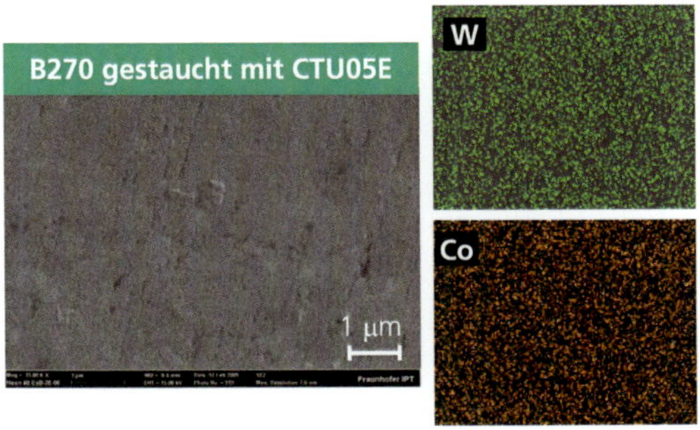

Bild 6.20: **Nach Stauchversuchen in der Glasoberfläche festgestelltes Wolfram (W) und Kobalt (Co)**

Tungsten (W) and cobalt (Co) determined in the glass surface after compression test

Bei den Formeinsätzen aus heißisostatisch gepresstem Siliziumnitrid (HIP-Si_3N_4) wurde nach 20 Stauchzyklen wie bereits nach den Diffusionstests eine Anhaftung von Glas festgestellt. In Bild 6.21 ist die Verteilung der in der Formeinsatzoberfläche vorhandenen Elemente aufgeführt. Diesem Bild zufolge sind vor allem die Bestandteile des Glases, Natrium (Na), Kalium (Ka), Calcium (Ca) und Sauerstoff (O_2), an der Anhaftung zu finden

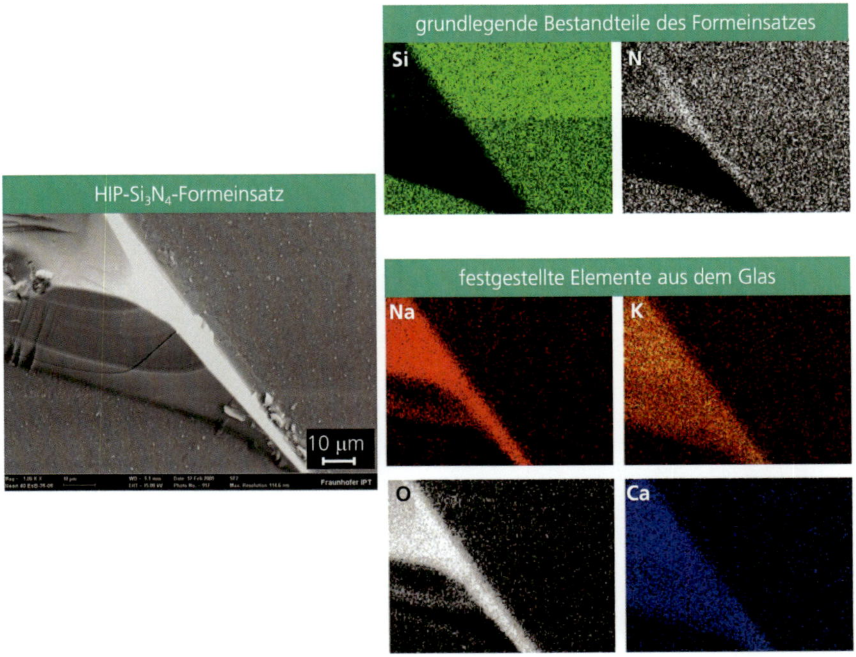

Bild 6.21: **Analyse der Glasanhaftung in der Oberfläche des heißisostatisch gepressten Siliziumnitrid (HIP-Si_3N_4) -Formeinsatzes**

Analysis of glass adhesion in the surface of hot isostatic molded silicon nitride ((HIP-SiN) insert

Die Ergebnisse der Benetzungswinkelmessungen wurden bereits in Tabelle 6.2 zusammengefasst. Dabei wurde festgehalten, dass heißisostatisch gepresstes Siliziumnitrid (HIP-Si_3N_4) unter Schutzgas von B270 nicht benetzt wird. Die Schlussfolgerung daraus wäre, dass keine Glasanhaftung bei den Formeinsätzen aus Siliziumnitrid auftreten wird. Nach den Stauchversuchen sind aber Anhaftungen zu beobachten. Daher sind aus den Ergebnissen der bisherigen Kontaktwinkelmessungen keine klaren Schlussfolgerungen für den Formeinsatzverschleiß zu ziehen. Um eindeutige Aussagen über den Beitrag der Kontaktwinkelmessungen machen zu können, sind Messungen mit weiteren Formeinsatz-Glas-Kombinationen unter Schutzgas erforderlich.

Zusammenfassend hat sich gezeigt, dass die beim Diffusionstest festgestellten Verschleißerscheinungen mit denen der Stauchversuche vergleichbar sind. Also liefert der Diffusionstest praxisrelevante Aussagen und kann somit zur Klärung des Formeinsatzverschleißes herangezogen werden. Dies führt zu einer deutlichen Zeit- und Kostenreduzierung bei der Auswahl der Formeinsatzwerkstoffe.

6.2 Einfluss der Glaszusammensetzung auf den Formeinsatzverschleiß

Influence of the glass composition on insert wear

Dem Glas wird beim Formeinsatzverschleiß eine große Bedeutung beigemessen. Die reaktiven Bestandteile der Gläser diffundieren in die Formeinsatzoberfläche und verursachen durch Adhäsionseffekte Glasanhaftungen. Diese Bestandteile sind vor allem, wie im Kapitel 6.1.3 festgestellt wurde, Natrium (Na), Kalium (K) und Calcium (Ca). Um den Einfluss der Glassorte auf den Verschleiß zu überprüfen, wurden umfangreiche Stauchversuche durchgeführt.

Bei diesen Versuchen wurden sechs Glassorten, N-FK51, SF10, N-BAF51, F2, N-PK52A und N-LAK9, verwendet. Ihre Zusammensetzungen wurden bereits in Tabelle 5.3 aufgeführt. Sie besitzen zwischen 36 und 57 Gew.-% Netzwerkwandler und beinhalteten ein breites Spektrum an Oxiden. Die verwendeten Formeinsätze bestanden aus der Hartmetallsorte CTU05E. Mit jedem Formeinsatz wurde 20 Mal die gleiche Glassorte gestaucht. Bei den Stauchzyklen wurde die Temperatur (T1) glasspezifisch ausgewählt, wobei die Viskosität der Gläser mit $10^{8,5}$ dPa·s gleich gewählt wurde. Die Presszeit (PT1) betrug 120 min. und die Presskraft (P1) 2 kN.

Anschließend an die Stauchzyklen wurden die Formeinsätze mit dem Rasterelektronenmikroskop und der energiedispersiven Röntgenspektroskopie analysiert. Außerdem wurde die Verteilung der vorhandenen Elemente mittels quantitativen Elementbildern bestimmt. In Bild 6.22 sind die 1000-fach vergrößerten REM-Aufnahmen der Formeinsätze dargestellt. Diese Aufnahmen stammen aus der Formeinsatzmitte, die während des Stauchens mit Glas in Kontakt gekommen ist. Wie diese Bilder zeigen, unterscheiden sich die Oberflächenmerkmale der Formeinsätze. Außer dem für das Stauchen von N-FK51 eingesetzten Formeinsatz zeigen alle Formeinsätze Verschleißerscheinungen. Insbesondere die Oberflächen von denen, die für das Stauchen des N-BAF51 und F2 eingesetzt wurden, zeigen ausgeprägten Verschleiß in Form einer Farbänderung. Sie weisen - anders als die übrigen Formeinsatzoberflächen - eine grobkörnige Oberflächenstruktur auf. Der für das Stauchen des F2 verwendete Formeinsatz besitzt zwei unterschiedliche Phasen. Eine Phase ist sehr fein, die andere Phase, die in der REM-Aufnahme farblich dunkler ist, ist hingegen grobkörnig strukturiert. Weniger ausgeprägt als der Formeinsatz mit dem F2 gestaucht wurde, zeigen auch die anderen Formeinsätze ein ähnliches Oberflächenbild.

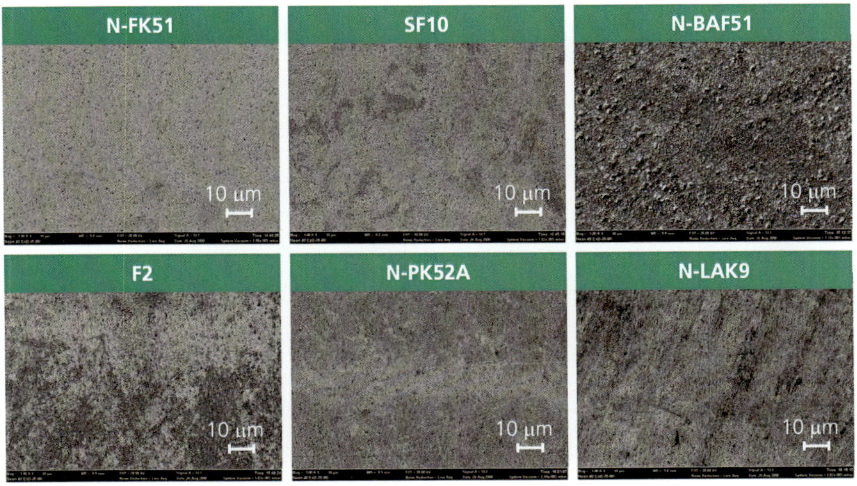

Bild 6.22: **Einfluss unterschiedlicher Glassorten auf den Formeinsatzverschleiß**

Influence of different glass types on the insert wear

In der Oberfläche des Formeinsatzes, der für das Stauchen vom N-BAF51 eingesetzt wurde, waren Bestandteile des Glases festzustellen. Bei diesen Bestandteilen handelte es sich um Natrium, Calcium, Barium, und Silizium. Die in Bild 6.23 dargestellten quantitativen Elementbilder dieser Elemente zeigen, dass sie in der Formeinsatzoberfläche gleichmäßig verteilt sind. In den Oberflächen der Formeinsätze, die zum Stauchen der übrigen Gläser eingesetzt wurden, wurde kein Natrium (Na) detektiert. Dass nur in der Oberfläche des für das Stauchen des N-BAF51 verwendeten Formeinsatzes Natrium (Na) festgestellt wurde, kann mit dem hohen Natriumoxidanteil im N-BAF51 erklärt werden. Dieses Glas hat in seiner Zusammensetzung 7,18 Gew.-% Natriumoxid (Na_2O). Es ist somit die Glassorte mit dem höchsten Natriumanteil. Die zweitgrößte Menge an Natriumoxid (Na_2O) enthält mit 3,22 Gew.-% das Glas F2. Zum Vergleich besitzen N-LAK9 und N-PK52 weniger als 1 Gew.-% Natriumoxid (Na_2O), SF10 und N-FK51 besitzen kein Natriumoxid (Na_2O). Außerdem enthält N-BAF51 mit 25,6 Gew.-% die höchste Menge an Bariumoxid (BaO).

Ein Element, das in den Oberflächen aller Formeinsätze festgestellt wurde, ist Sauerstoff. Seine Anwesenheit deutet auf eine Oxidation der Oberfläche hin. Diese Oxidation kann mit der Reaktionskette, die in den Gleichungen 6.2 bis 6.4 dargestellt wurde, begründet werden. Danach werden die reaktiven Bestandteile des Glases reduziert, und Sauerstoff wird frei. Der freigewordene Sauerstoff geht dann mit Wolfram (W) der Formeinsatzoberfläche in Verbindung.

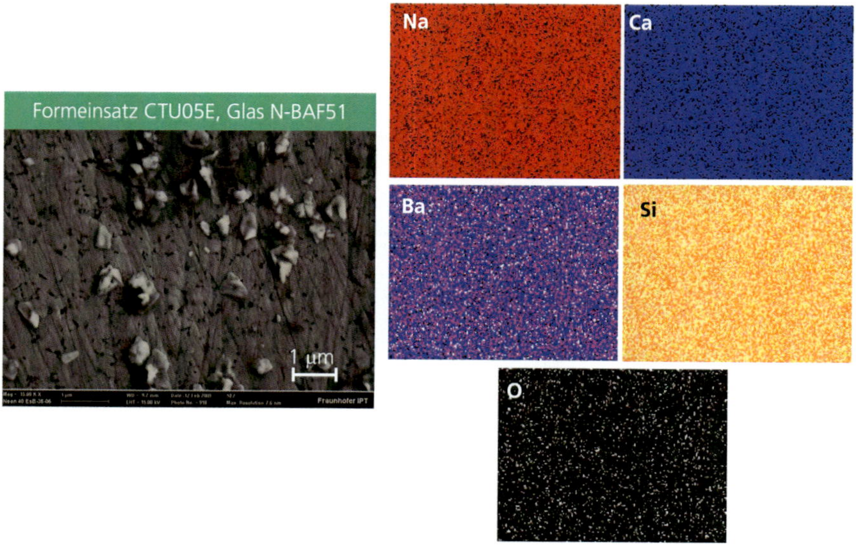

Bild 6.23: **Festgestellte Elemente des Glases in der Oberfläche des CTU05E-Formeinsatzes, der zum Stauchen des N-BAF51 eingesetzt wurde**

Glass elements determined in the surface of a CTU05 insert, which was used for the compression of N-BAF51

Zusammenfassend ist die Glaszusammensetzung entscheidend für den Verschleiß, da die reaktiven Bestandteile des Glases, u. a. Natrium und Barium, in die Formeinsatzoberfläche diffundieren.

6.3 Fazit zum Formeinsatzverschleiß

Conclusion of insert wear

Die Untersuchungen zum Formeinsatzverschleiß zeigen, dass sowohl die Formeinsatz- als auch die Glassorte bzw. Glaszusammensetzung für den Verschleiß entscheidend sind. Die Oxidation ist die wichtigste Verschleißursache der Hartmetallformeinsätze. Sie führt zu einer Veränderung der Oberfläche, die die hauptsächliche Verschleißerscheinung bei Hartmetallformeinsätzen ist. Eine weitere Verschleißursache ist das Ätzen des Oberflächenbereichs im Glaskontakt. Die Ätzvorgänge erzeugen ein feinkörniges Gefüge, das sich vom Ausgangsgefüge des Formeinsatzes unterscheidet. Durch die Oxidation und das Ätzen verliert der Hartmetallformeinsatz seinen Glanz und besitzt damit nicht mehr die für seine Anwendung erforderliche Oberflächenqualität.

Bei keramischen Formeinsätzen findet keine Oxidation statt. Die heißisostatisch gepressten Siliziumnitrid-Formeinsätze verschleißen überwiegend durch Adhäsion, die in der Formeinsatzoberfläche zur Glasanhaftung führt. Die Glaskohlenstoff-Formeinsätze zeigten nach ihrem Einsatz bei den Stauchversuchen farbliche Änderungen, die ein Indiz für Oxidation darstellt. Trotzdem zeigten diese Formeinsätze den geringsten Qualitätsverlust.

7 Zusammenfassung und Ausblick

Präzisionsblankpressen ist ein replikatives Herstellungsverfahren für komplex geformte Linsen. Das Interesse an der Technologie wächst entsprechend dem steigenden Bedarf an Linsen mit erhöhter geometrischer Komplexität. Allerdings wird seine Verbreitung dadurch beschränkt, dass die verwendeten Werkstoffe, d.h. die zu pressenden Gläser und Formeinsatzwerkstoffe, im Vorfeld nur bedingt ausgewählt werden können. Die für die Auswahl erforderlichen grundlegenden Informationen waren bisher nicht vorhanden. Ihre Erarbeitung stellte die Zielsetzung der vorliegenden Arbeit dar.

Zur Erfüllung dieser Zielsetzung wurde zum einen die Abhängigkeit des Umformverhaltens der optischen Gläser von ihrer Zusammensetzung und von ihren physikalischen Eigenschaften untersucht. Zum anderen wurden die Zusammenhänge zwischen den Verschleißmechanismen der Formeinsätze und dem Formeinsatzwerkstoff erarbeitet.

Die experimentellen Untersuchungen zum Umformverhalten der optischen Gläser zeigen, dass bei gleicher Glasviskosität der Umformgrad mit zunehmendem Netzwerkbildneranteil abnimmt. Insofern existiert ebenfalls eine Abhängigkeit des Umformgrads vom Anteil der Zwischenoxide und Netzwerkwandler im Glas. Der Umformgrad und analog zu ihm die Formfüllung, nehmen mit zunehmendem Zwischenoxid- und Netzwerkwandleranteil zu (Bild 5.4 und Bild 5.12). Diese Zunahme lässt sich für das Intervall des Netzwerkwandleranteils im eingesetzten Prozessfenster mathematisch beschreiben (Gleichungen 5.2 und 5.3).

Der Einfluss der Glaszusammensetzung auf das Umformverhalten ist mit der Schwächung der Netzwerkstruktur durch die Netzwerkwandler zu erklären. Durch diese Schwächung wird das Glas bei höheren Temperaturen beweglicher und lässt sich besser pressen. Die Raman-Messungen an den Gläsern mit unterschiedlichem Umformgrad zeigen, dass die Gläser mit hohem Umformgrad nach dem Stauchversuch nicht alle ihre anfänglichen Bänder in ihren Raman-Spektren aufweisen. Die Menge der Si-O-Si-Bindungen nimmt durch das Pressen ab. Der hohe Umformgrad ist eine Folge des hohen Zwischenoxid- und Netzwerkwandleranteils. Während des Stauchens wird das Netzwerk durch die bei der hohen Temperatur beweglich gewordenen Netzwerkwandler gespalten. Somit sind nach dem Stauchen weniger Si-O-Si-Bindungen als ursprünglich vorhanden. Dagegen gab es in den Raman-Spektren der Gläser mit niedrigem Umformgrad keine Änderungen (Bild 5.8).

Ein weiteres Ergebnis ist, dass das Umformverhalten auch mit der Kompressibilität korreliert. Die Gläser mit hoher Kompressibilität weisen tendenziell einen höheren Umformgrad (Bild 5.9) sowie eine bessere Formfüllung auf (Bild 5.13). Ein Zusammenhang zwischen dem thermischen Ausdehnungskoeffizienten und dem Umformgrad bzw. der Formfüllung wurde nicht festgestellt. Er beeinflusst allerdings die Abformgenauigkeit.

Weiterhin zeigen die Untersuchungen zum Umformverhalten, dass trotz gleicher Viskosität der Gläser beim Pressen nicht alle Glassorten zu strukturierten Linsen gepresst werden können. Die Sorten, die gepresst werden können, unterscheiden sich in der Qualität ihrer Abformgenauigkeiten (Bild 5.21).

Nach den Untersuchungen zum Formeinsatzverschleiß wurden aus den vorhandenen Erkenntnissen über die relevanten Eigenschaften der Werkstoffe die potentiellen Verschleißmechanismen der Formeinsätze abgeleitet. Die Mechanismen lauten in Abhängigkeit vom Werkstoff wie folgt:

- Hartmetall (WC-Co): Verschleiß durch Oxidation und Ätzen durch heißes Glas
- Heißisostatisch gepresstes Siliziumnitrid (HIP-Si_3N_4): Verschleiß durch Adhäsion
- Glaskohlenstoff: Verschleiß durch Oxidation

Anhand von Analogieversuchen, Kontaktwinkelmessungen und Diffusionstests, wurde der Einfluss der potentiellen Mechanismen experimentell untersucht. Die Kontaktwinkelmessungen dienten zum Vergleich der Adhäsionsneigung der Gläser zu Formeinsätzen aus unterschiedlichen Werkstoffen. Sie führten zu der Erkenntnis, dass die Adhäsionsneigung der Gläser nicht nur glasspezifisch ist, sondern auch vom Formeinsatzwerkstoff und der Prozessatmosphäre abhängt (Tabelle 6.2). Durch die Diffusionstests wurden die Formeinsatz- und Glasbestandteile, die in die Oberfläche des Kontaktpartners diffundieren, bestimmt. Vor allem diffundieren die reaktiven Glasbestandteile, wie Natrium und Barium, in die Oberflächen der Formeinsätze. Darüber hinaus sind in der Oberfläche der mit Hartmetallformeinsätzen gepressten Gläser Spuren von Wolfram und Kobalt vorhanden.

Im Anschluss an die Analogieversuche wurden die Oberflächen der Hartmetallformeinsätze mit EDX analysiert. Diese Analysen weisen eine Kette von Redox-Reaktionen nach (Bild 6.12). Den Reaktionen zufolge werden die reaktiven Bestandteile des Glases reduziert und Sauerstoff wird frei gesetzt. Der freie Sauerstoff setzt sich im Oberflächenbereich des Formeinsatzes ohne Glaskontakt ab und verbindet sich mit dem Wolfram (W) des Hartmetalls (Gl. 6.2 - 6.4). Somit oxidiert der Oberflächenbereich des Hartmetalls, der während des Pressens keinen Kontakt mit dem Glas hatte. Der Oberflächenbereich mit Glaskontakt wird von den Elementen des Glases, die ursprünglich mit dem Sauerstoff in Verbindung waren und durch die Reduktion frei wurden, geätzt. Diese Erklärung wird vor allem durch das freigelegte Gefüge auf der Oberfläche mit Glaskontakt bestätigt.

Darüber hinaus zeigen die Untersuchungen, dass bei den Formeinsätzen aus heißisostatisch gepresstem Siliziumnitrid Verschleiß in Form von Glasanhaftungen auftritt (Bild 6.18 und Bild 6.21). Diese Glasanhaftungen sind ein Indiz für Adhäsion. Bei den Formeinsätzen aus Glaskohlenstoff wird Oxidation mit relativ geringer Ausprägung, die die weitere Anwendung der Formeinsätze nicht beeinträchtigt, beobachtet (Bild 6.18). Da die keramischen Formeinsätze nur geringfügig oxidieren und nicht geätzt werden, behalten sie ihre Oberflächenqualität bei, bis Glasanhaftungen auftreten.

Neben dem Formeinsatzwerkstoff kommt auch der Glassorte beim Verschleiß eine entscheidende Rolle zu. Bei den Stauchversuchen, bei denen unterschiedliche Glassorten mit Formeinsätzen aus gleichem Formeinsatzwerkstoffmaterial gestaucht wurden, diffundierten die Glasbestandteile mit hoher Reaktivität, Natrium und Barium, in die Formeinsatzoberfläche und führten dort zu anhaftenden Glasresten.

Zusammenfassend ist beim Verhalten der Gläser und Formeinsätze eine Vielzahl an Faktoren ausschlaggebend. Bei den Gläsern ist ihre Zusammensetzung entscheidend. Das Verhalten der Formeinsätze hängen von dem Werkstoff ab, aus dem sie hergestellt wurden.

In der vorliegenden Arbeit konnten grundlegende Kenntnisse über das Zusammenspiel von Formeinsatz und eingesetzten Glassorten hinsichtlich des Umformverhaltens und des Verschleißes der Formeinsätze ermittelt werden. Diese Kenntnisse konnten zum Teil mathematisch beschrieben werden. Dadurch besteht jetzt die Möglichkeit, die optimalen Bedingungen sowohl seitens der zu pressenden Gläser als auch der Formeinsatzwerkstoffe im Vorfeld zu bestimmen. Dies führt zu optimalen Qualitäten der abgeformten Linsen, optimalen Standzeiten der Formeinsätze und damit zu deutlichen Zeit- und Kostenreduzierungen.

7 Summary and outlook

Precision glass molding is a replicative manufacturing method of lenses with complex shapes. The interest in this technology increases with the increasing demand for lenses with higher geometrical complexity. However its application is constricted by the reason, that the used materials, the glasses and insert materials, can only be chosen provisory. For a selective choice required fundamental knowledge has not been available as yet. Their development was the objective of this doctoral dissertation.

To achieve this objective the dependence of molding behavior of optical glasses on their composition and physical properties were analyzed. Furthermore the relations between the wear mechanisms of inserts and insert materials were investigated.

The experimental analyses of the molding behavior show that the molding degree decreases at a certain viscosity with an increasing amount of network builder. In this respect there also exists a dependence on molding degree from the intermediates and network modifiers in the glass. The molding degree and also the mold filling increase with an increasing amount of intermediates and network modifiers (figure 5.4 and figure 5.12). This increase can be mathematically described using quadratic equations for the interval of network modifier percentage in applied process-window with equation 5.2 and 5.3.

The influence of glass composition to the molding behavior can be explained on the basis of a glass network degradation, which is caused by network modifiers. By means of this degradation the glass structure is movable at higher temperatures and is able to be better molded. The Raman measurements of the glasses with different molding degrees show, that the glasses with high molding degree do not have all their primarily bands after the compression. This means, that the amount of Si-O-Si-bounds decreases via molding. The decrease of Si-O-Si-bonds is also a result of degraded glass network. The network is cleaved during the compression by the network modifiers, which becomes movable at high temperature. As the effect of the degraded network Si-O-Si bonds are cleaved and the molding degree increases. In contrast no differences were observed in Raman-spectrums of the glasses with low deformation degree before and after the compression (figure 5.8).

Another result is that the deformation behavior correlates with the compressibility. The glasses with high compressibility tend to a higher molding degree (figure 5.9) as well as to a better mold filling (figure 5.13). A relationship between thermal coefficient of expansion and molding degree, respectively mold filling, wasn't determined. Only a minor influence of this property was detected on the molding accuracy.

Furthermore the investigations to the molding behavior show, that not all the glass types can be molded to structured lenses despite the same molding viscosity. The moldable glasses have different molding accuracies (figure 5.21). At this juncture molding accuracy defines the ratio of molded to in insert available structure cross section.

The second step of the doctoral dissertation was that potential insert wear mechanisms were deduced from existing information about material wear. These mechanisms are classified depending on the used insert material as following:

- tungsten carbide (WC-Co): wear through oxidation and etching because of the contact with hot glass
- hot isostatic pressed silicon nitride (HIP-Si_3N_4): wear through adhesion
- glassy carbon: wear through oxidation

On the basis of analogy tests, as contact angle measurement and diffusion test, the influence of potential mechanisms to the insert wear were experimentally analyzed. The contact angle measurements were carried out to compare the adhesion affinity of glasses to inserts from different materials. They produced the information, that the adhesion affinity of glasses is not a glass-specific property. But it depends on the insert material and process atmosphere. (table 6.2). By means of the diffusion tests the insert and glass contents, which diffuse into the surface of the contact partner, were determined. First of all the reactive glass contents, as sodium (Na) and barium (Ba), diffuse into the surfaces of the inserts. Furthermore in advanced wear tracks of wolfram (W) and cobalt (Co) are detected on the surfaces of lenses which are molded with tungsten carbide inserts.

Following the analogy tests the surfaces of tungsten carbide inserts were analyzed with EDX. These analyses show, that a chain of redox-reactions occurs in the glass- and insert boundary (figure 6.12). According to these reactions the reactive contents of glass are reduced and oxygen is released. This free oxygen settles in the insert surface in the area without glass contact and reacts with the wolfram (W) from the tungsten carbide (equation 6.2 - 6.4). Therefore the surface area of tungsten carbide, which was during the molding not in contact with the glass, oxidizes. The surface area with glass contact is etched by elements of the glass and become free after the oxidation. This explanation of the determined reaction chain is primarily supported by the etched microstructure of surface area with glass contact.

Furthermore the analyses show that the wear of hot isostatic pressed silicon nitride (HIP-Si_3N_4)-insert appears as glass adherence (figure 6.18 and figure 6.21). The glass adherence is a sign of adhesion. The glassy carbon-insert is worn down with a low rate, which does not influence the further use of insert (figure 6.18). If ceramic inserts, if worn at all, only slightly oxidize and are not etched, keep their surface quality, until glass adherence occurs. Up to this adherence they can be used without any coating.

Beside the insert material the glass type has also an essential effect on the wear. Depending on the results of the compression tests with different types of glasses and inserts from the same material, glass components with higher reactivity, as sodium (Na) und barium (Ba), diffuse into the insert surface and cause glass adherence in insert surface.

To conclude a multitude of factors are crucial to the behavior of glasses and inserts. For the glasses their composition is crucial factor. The behavior of inserts depends on materials, from which they are made.

In this doctoral thesis fundamentals about the interaction of insert and und glass type could be determined in regard to the molding behavior and insert wear. Part of these fundamentals could be specified mathematically. Therefore the possibility, to choose previously the optimal conditions for the glass as well as for the insert material, exists now. This leads to optimal quality of molded lenses, optimal lifetime of insert and consequently to considerable time as well as cost reduction.

8 Literaturverzeichnis
Bibliography

[ANGL74a] Schutzrecht US 3,833,347 (02.09.1974). Angle, M.; Blair, G.; Maier C.: Method for Molding Glass Lenses

[ANGL74b] Schutzrecht US 3,844,755 (02.09.1974). Angle, M.; Blair, G.; Maier, C.; Bender, G.: Method and Apparatus for transfer Molding Glass Lenses

[BACH99] Bach, H.; Krause, D.: Analysis of the Composition and Structure of Glass and Glass Ceramics. Edited by Springer Verlag, Berlin, Heidelberg, New York; 1999, pp. 166-171

[BASU96] Basu, S.N.; Sarin, V.K.: Oxidation behavior of WC-Co. Materials Science and Engineering, Volume 209, S. 1996, pp. 206-212

[BERG02] Bergmann, W.: Werkstofftechnik– Teil 1 Grundlagen, 4. Aufl., Hanser, München, Wien, 2002

[BERT06] Bertalan, C.: Technologische Untersuchungen zum Präzisions-Hartdrehen von Hartmetall. Dissertation RWTH Aachen, 2006

[BLAI79] Schutzrecht US 4,139,677 (13.02.1979). Blair, G., E.; Shafer, J., H.; Smith, F., T.: Method of Glass Elements and Element made

[BÖDE82] Böder, A., H.: Kohlenstoffasern und Glaskohlenstoff – zukunftsweisende Werkstoffe aus karbonisierten polymeren. Die angewandten Makromoekulare Chemie, Nr. 1768, 1982, S.125- 138

[CAHN94] Cah, R. W.; Hassen, P.; Krauer, E.J.: Material Science and Technology, Volume 11, Structure and Properties of Ceramics, VCH Weinheim, 1994

[CERA07] Firma Ceratizit GmbH: Informationsblatt – Wear parts. 2007

[CZIC92] Czichos, H.; Habig, K. H.: Tribologie Handbuch – Reibung und Verschleiß, 1. Aufl., Frieder. Vieweg & Sohn Verlagsgesellschaft, 1992

[DEUT00] Deutsche Agenda Optische Technologien für das 21. Jahrhundert – Potenzial, Trends und Erfordernisse, Lenkungskreis „Optische Technologien für das 21. Jahrhundert", Siegel, A., Litfin, G. (Hrsg.), 2000

[DEUT02] Optische Technologien Made in Germany – Zukunftstrend Licht. Heybrock, E. (Hrsg.), Brinkmann, E., Februar 2002

[DEUT07] Optische Technologien – Wirtschaftliche Bedeutung in Deutschland, Referat Öffentlichkeitsarbeit des Bundesministeriums für Bildung und Forschung (Hrsg.), 2007

[DIN71] Norm DIN 1259-1 (Juli 1971). Glas, Begriffe für Glasarten

[DIN74] Norm DIN 52340 (Januar 1974). Prüfung von Glas; Chemische Analyse von ungefärbten Kalk-Natron-Gläsern

[DIN93] Norm DIN52341 (Oktober 1993). Prüfung von Glas, Chemische Analyse von Blei- und Kristallglas

[DIN98] Norm DIN ISO 7884-1 (Februar 1998). Viskosität und vsikosimetrische Festpunkte

[DIN00] Norm DIN ISO 10110-5 (Februar 2000). Optik und optische Instrumente – Erstellung von Zeichnungen für optische Elemente und Systeme

[DIN03] Norm DIN 51001 (August 2003). Prüfung oxidischer Roh- und Werkstoffe – Allgemeine Arbeitsgrundlagen zur Röntgenfluoreszens-Analyse (RFA)

[DIN06] Norm DIN 51730 (September 2007) Prüfung fester Brennstoffe – Bestimmung des Asche-Schmelzverfahren

[D0BR06] Dobrinski, P.; Krakau, G.; Vogel, A.: Physik für Ingenieure. 11.Aufl., B.G. Teubner Verlag / GWV Fachverlag, Wiesbaden, 2006, S. 124

[DOCT08] Firma Doctor Optics GmbH: Produkte
URL: http://docter-optics.de/hp728/Produkte.html

[DREY01] Dreyer, K.; Westphal, H.: Je kleiner das Korn, desto Härter im Nehmen. Industrie Anzeiger 32-33, 2001, S. 42- 44

[FICS05] Fischer, K., F.: Taschenbuch der Technischen Formeln., 3. Aufl., Fachbuchverlag Leipzig im Carl Hanser Verlag, S. 44

[FUJI06] Firma Fuji Die Co., Ltd.: Cemented carbides designed for wear and corrosion resistance, 2007

[HAGE88] Schutzrecht US 4,747,864 (31.05.1988). Hagerty, R., J.; Kingsbury, P., I.; Shafer, H., G.: Process for the precision Molding of Glass Articles

[HAIS83] Schutzrecht US 4,397,669 (09.08.1983). Haisma, J.; Johannes, K.; Boesten, A.: Method for the Precision Moulding of Glass Articles – Method of manufacturing a Mould, and a Mould for the precision moulding of Glass Articles

[HARR04] Harris, P., J., F.: Fullerene-related structure of commercial glassy carbons. Philosophical Magazine, Vol: 84, No: 29, 2004, pp. 3159-3167

[HCST07] Firma H.C.Starck GmbH.: Produktdatenblatt StarCeram ® N 3000, 7000, 8000, PD9003, 2007

[HEID88] Schutzrecht DE3043615C2 (07.01.1988). Heidenreich, E.; Kittel, T.; Gerth, K.: Fluoridgläser, die geringe Mengen Phosphat enthalten

[HERM74] Schutzrecht US3847624 (12.11.1974).Hermannstein. B.; Meinert, N.: Fluorophosphate optical Glass

[HIBI00] Schutzrecht US 6,119,485 (19.09.2000). Hibino, K.; Umetani, M.; Kataoka, H.: Press-Molding Die, Method for manufacturing the same and Glass Article molded with the same

[HIRO04] Schutzrecht JP244306 (02.09.2004). Hiroaki, K.: Molding Die for optical Element and optical Element

[HOCK03] Hock, M.; Schäffer, E.; Döll, W.; Kleer, G.: Composite coating materials for the moulding of diffractive and refractive optical components of inorganic glass. Surface and Coatings Technology, No: 163-164, 2003, pp. 689 – 694

[HOYA08] Firma Hoya Co. USA Optics Division: Speciality Glass and Components – Optical Glass Specifications
URL: http://www.hoyaoptics.com/specialty_glass/optical.html [Stand 17.04.2008]

[HTWW08] Firma HTW Hochtemperaturwerkstoffe GmbH – Physikalische Eigenschaften
URL: http://www.htw-germany.com/technology.php5?lang=de&nav0=2 [Stand 05.11.2008]

[HUMA96] Human, M., A.; Exner, E., H.: Electrochemical behavior of tungsten-carbide hardmetals. In: Materials Science and Engineering, No: 209, 1998, pp. 180-191

[HUPP01] Hupprich, T.: Ramanspektroskopische Untersuchungen an Alkali- und Erdalkalisilicatgläsern bei hohen Temperaturen. Diss. Johannes Gutenberg-Universität Mainz, 2001

[HUTT97] Hüttentechnische Vereinigung der Deutschen Glasindustrie: Formgebung von Glas. Frankfurt 1997, S. 2- 4

[JAHN01] Jahns, J.: Photonik – Grundlagen, Komponenten und Systeme, Oldenburg, München, Wien, 2001

[KAOR85] Schutzrecht JP60171230 (04.09.1985). Kaoru, S.: Molding Device of Glass Lens

[KASH00] Schutzrecht US 6,009,728 (04.01.2000). Kashiwagi, Y.; Umetani, M.; Kataoka, H.: Die for Press-Molding optical Elements

[KATS05] Katsuki, M.: Transferability of Glass Lens Molding. In: The 2nd International Symposium on Advanced Optical Manufacturing and Testing Technology, Xian-China, 2. November 2005, pp.1-9

[KATS07] Katsuki, M.: Glass Molding and Molding Machining for Optical Elements. iMoc International Molded Optics Conference. May 2007, Bremen

[KICH88]. Schutzrecht JP63170228 (14.07.1988). Kichizo, K.: Press-Molding Device for Glass Lens

[KING76] Kingery, W. D.; Bowen, H. K.; Uhlmann, D. R.: Introduction to Cermaics, Edited by John Willey and Sons Publisher, New York, Chichester, Brisbane, Toronto, Singapore, 1976

[KLEE02] Kleer, G.; Döll, W.; Manns, P.; Hock, M.; Schäffer, E.: Formbeschichtungen für das Heißprägen diffraktiver und refraktiver optischer Komponenten, In: 76. Glastechnische Tagung, Bad Soden am Taunus, 2002

[KLEE03] Kleer, G.; Döll, W.; Manns, P.; Hock, M.; Schäffer, E.: Composite coating materials for the hot embossing of microoptical components in inorganic glass. In: Proceedings of the DGG Symposium Processing and Application of Optical Components, Leipzig, 2003

[KLOC04] Klocke, F.; Bergs, T.; Demmer, A.; Bresseler, B.; Pongs, G.: Präzisionsblankpressen optischer Gläser. In: Jahrbuch 2006 . Optik und Feinmechanik, 2004, S. 1-9

[KLOC06] Klocke, Yi, A.; Bergs, T.; Demmer, A.; Pongs, G.; Chen, Y.: Compression Molding of Presicion Diffractive Glass Optical Components. In: Proceedings of the 6th euspen International Conference, Wien, May 2006

[KLOC07a] Klocke, F.; Pongs, G.: Präzisionsblankpressen mit Keramikwerkzeugen – Abformung präzisionsoptischer Komponenten aus Glas. In: wt Werkstatttechnikonline, Jahrgang 94, 2004

[KLOC07b] Klocke, F.; Brinksmeier, E.; Riemer, O.; Klink, A.; Schulte, H.; Sarikaya, H.: Manufacturing structured tool inserts for presicion glass moulding with a combination of diamond grinding and abrasive polishing Systems. In: Industrial Diamond Review, No. 4, 2007

[KLOC07c] Klocke, F.; Dambon, O.; Sarikaya, H.; Pongs, G.: Investigations in the definition of mold die materials for high molding temperatures. In: Proceedings of the Euspen Topical Meeting – Thermal Effects in Presicion Systems. Maastricht, December 2007

[KLOC08] Klocke, F.; Dambon, O.; Sarikaya, H.; Hollstegge, D.; Pongs, G.: Investigations to the Molding Accuracy of Complex Shaped Glass Components. In: Proceedings of the 8th Euspen Annual Meeting, Zurich, May 2008

[KLUG88] Kluge, D.: Ein Beitrag zum Kontaktverhalten von Glas mit Formgebungswerkzeugen. Diss. TU Bergakademie Freiberg, 1988, S. 2

[KOPP98] Kopp, R.; Wiegels, H.: Einführung in die Umformtechnik. 1. Aufl., Aachen, Verlag der Augustinus Buchhandlung, 1998

[KRIE74] Kriegsmann, H.: Ramanspektren von Molekülen und Kristallen. Nauka Verlag, Mauskau, 1974

[KUJU36] Kujumzelis, G.: Raman-Effekt und Struktur der Gläser. In: Zeitschrift für Physik, Volume 100, März 1936, S. 221-236

[LIN06] Lin, C.; Duh, J.; Yau, B.: Processing of chromium tungsten nitride hard coatings for glass molding, Surface and Coatings Technology, No: 201, März 2006, pp. 1316-1322

[LITF01] Litfin, G.: Technische Optik in der Praxis. 2nd Edition, Edited by Springer Verlage Berlin, Heidelberg, New York:, 2001

[MA07] Ma, K., J.: B.: Design and Characterization of Protective Coatings for Glass Lens Molding. In: Schott Expert Panel on Presicion Molding Technologies for Optics, Suzhou, 2007

[MASO52] Maso, B.: Principles of Geochemistry, Wiley&Sohn, New York, 1952

[MASU86] Masumoto, Y.; Takechi, K.; Imasato, S.: Corrosion Resistance of cemented carbide, Nippon Tungsteb Review, Vol.: 19, 1986, pp. 26-32

[MAYE81] Mayer, H.; Lassner, E.; Lux, B.: Proceedings of the 10th Plansee Seminar, Vol. 2, Innsbruck, 1981, S. 55-79

[MCCA04] McCauley, R. A.: Corrosion of Ceramic and Composite Materials. 2nd Edition, New Jersey, 2004

[MICH94] Michalowski, L.: Neue keramische Werkstoffe, Deutscher Verlag für Grundstoffindustrie, Leipzig und Stuttgart, 1994

[MÜHL07] Schutzrecht WO/2007/095895 (30.08.2007). Mühle, P.; Wintzer, W.: Method and Device for producing technical Glass Parts for optical Applications

[MURA05] Schutzrecht US 6,928,838 (16.08.2005). Murakoshi, H.; Matsumura, S.: Apparatus and Method for forming silica Glass Elements

[NAUM93] Naumann, H.; Schröder, G.: Bauelemente der Optik: Taschenbuch der technischen Optik. 6. Aufl., München, Wien, Hanser-Verlag, 1993, S. 81-85

[NÖLL97] Nölle, G.: Technik der Glasherstellung, 3. Aufl., Deutscher Verlag für Grundstoffindustrie, Stuttgart, 1997

[OHAR08] Firma Ohara Co.: Optical Glass Information. URL: http://www.oharacorp.com/catalog.html [Stand 17.04.2008]

[OLYM08] Firma Olympus GmbH.: Details ZUIKO DIGITAL 11-22mm URL: http://www.olympus.at/consumer/dslr_ZUIKO_DIGITAL_11-22mm_1_2_8-3_5_Details.html [Stand 25.01.2009]

[OSCA85] Oscarsson, U.; Samuelson, P.; Hehenberger, C.: Proceedings of the 11th Plansee Seminar, Reutte, 1985, S. 769-780

[OTA02] Schutzrecht US 6,354,111 (12.03.2002). Ota, T.; Fukuyama, M.; Hasegawa, H.; Tohyama, K.: Press-Forming Die for Glass Elements

[OTSU95] Schutzrecht DE68920837T2 (24.05.1995). Otsuka, M., Yonoshi, S.: Fluorophosphatglas für optische Zwecke

[OXFO06] Oxford Instruments Analytical Ltd.: Brochure – INCA Energy, 2006

[PLAN02a] Firma Plansee Tizit AG.: Ziehwerkzeuge für die Drahtherstellung. Produktinformation, 2002

[PLAN02b] Firma Plansee Tizit AG.: Hard metal for the tool and die industry. Product information, 2002

[PLUM82] Plummer, W., T.: Unusual optics of the Polaroid SX-70 Land Camera. In: Applied Optics 21, 1982, pp. 196-202

[REED95] Reed, J. S.: Principles of Ceramic Processing, J. Wiley & Sons, 2. Aufl., New York, 1995

[RICH92] David, W. R.: Modern Ceramic Engineering – Properties, Processing and Use in Design, 2nd Edition, Marcel Dekker, New York, 1992

[RICH98] Richerdson, D. W.; Freitag, D.W.: Opportunities for Advanced Ceramics to Meet the Needs of the Industries of Future, U.S. Advanced Ceramics Association and Oak Ridge National Laboratory, Brookville, 1998

[RIES04] Rieser, D.: Untersuchungen zum Klebe- und Abriebverhalten von Formenwerkstoffen für die Heißformgebung von anorganischem Glas. Dissertation Universität Karlsruhe, 2004, S. 15-20

[RENN00] Renno, D.; Hübsch, M.: Glas – Werkstoffkunde. 2. Aufl., Stuttgart: Dt. Verl. für Grundstoffindustrie, 2000, S. 16-17

[RÖSL06] Rösler, J.; Harders, H.; Bäker, M.:Mechanisches Verhalten der Werkstoffe. 2. Aufl. B.G. Teubner Verlag/GWV Fachverlag, Wiesbaden, 2006, S. 410

[RUBE01] Rünebanch, O.: Schwingungsunterstützte Ultrapräzisionsbearbeitung optischer Gläser mit monokristallinen Diamantwerkzeugen. Dissertation RWTH Aachen, 2001

[SALM83] Slmang, H.; Scholze, H.: Keramik Teil 2 – Keramische Werkstoffe. 6. Aufl., Berlin, Springer-Verlag, 1983

[SCHE88] Schedler, W.: Hartmetall für den Praktiker – Aufbau, Herstellung, Eigenschaften und industrielle Anwendung einer modernen Werkstoffgruppe. Düsseldorf, Plansee Tizit GmbH (Hrsg.), VDI Verlag, 1988

[SCHN01] Schneider J., Wörner J.D., Fink A.: Glasbau. Grundlagen, Berechnung, Konstruktion, Springer-Verlag, 2001, S. 44-46

[SCHO88] Scholze H.: Glas, Natur, Struktur und Eigenschaften., Springer-Verlag, Berlin, Heidelberg, 1988, S.171-173

[SCHO05] Firma Schott Glas AG: Sicherheitsdatenblatt–Glastyp P-SK57. 2005

[SCHO06] Firma Schott Glas AG: Viskositätsdiagramme optischer Gläser. 2006

[SCHO10] Firma Schott Glas AG: Optischer Glaskatalog – Datenblätter.
URL: http://www.schott.com/optics_devices/german/download/datasheet_all_german [Stand 01.08.2010]

[SCHO11] Firma Schott Glas AG: Datenblatt der Glassorte P-SK57
URL: http://www.schott.com/advanced_optics/german/our_products/materials/data_tools/index.html?PHPSESSID=pg4f921vib4psdnk4nuk5c0k04 [Stand 03.09.2011]

[SCHR07] Schröder, G.; Treiber, H.: Technische Optik – Grundlagen und Anwendungen. 10. Aufl., Hanau, Nürnberg Vogel-Verlag, 2007

[SCHU05] Schubert, U.; Hüsing, N.: Synthesis of inorganic materials. 1. Aufl., Weinheim, Willey-Vch Verlag GmbH & Co. KGaA, 2005

[SCHW08] Schwenke, A.: Experimentelle Untersuchungen zum Präzisionsblankpressen von hochgenauen optischen Bauteilen aus Quarzglas. Studienarbeit RWTH Aachen, 2008, S.16

[STEPH05] Stephan K., Mayinger F., Stephan P., Schaber K.: Thermodynamik-Grundlagen und technische Anwendungen. Band 1, 2005, S. 473

[SUMI08] Firma Sumita Optical Glass Inc.: Optical Glass Databook.
URL: http://www.sumita-opt.co.jp/en/optical.html [Stand 17.04.2008]

[TAKE80] Schutzrecht JP 55062815 (12.05.1980). Takeyoshi, H.: Press Molding Method for thick optical Glass Molding

[TOSH05] Instruction Manual of High Presicion Glass Mold Press Machine – Operating Manual of GMP-207HVCE. Toshiba Machine Co., Ltd. (Hrsg), Tokyo, November 2005

[UHLM74] Uhlmann D.R.: Densification of alkali silicate glasses at high pressure. J. Non-Cryst. Solids, 13 (1973/74), pp. 89-99

[UHLM90] Uhlmann D.R.; Kreidl, N.J.: Structure, Microstructure and Properties. In: Glass Science and Technology, Vol 4a, 1990

[UPAD98] Upadhyaya, S., G.: Cemented Tungsten Carbides – Production, Properties and testing. Noyes Publications, United States, 1998

[YAMA62] Yamada, S.; Hiroshi, S.: Some physical properties of glassy carbon. In: Nature, No 4812, January 1962, pp. 261-262

[YAMA00] Yamane, M.; Asahara, Y: Glasses for Photonics. Cambridge University Press, Cambridge, pp. 35-36

[YI07] Yi, A.: Compression Molding of Asphärical Glass Lenses. iMoc International Molded Optics Conference. Bremen, May 2007

[ZHON00] Zhong D.; Mateeva E.; Dahan I.; Moore J.; Mustoe G.; Ohno T.; Disam J.; Thiel S.: Wettability of NiAl, Ni-Al-N, Ti-B-C and Ti-B-C-N films by glass at high temperatures. Surface and Coatings Technology, No:133-134, 2000, pp. 8 - 14

[VOGE93] Vogel, W.: Glaschemie. 3. Aufl., Berlin, Springer-Verlag,1993

[WACH96] Wachtman, B. J.: Mechanical Properties of Ceramics. Wiley & Sons, New York, 1996

[WEBE08] Weber, A.: Verschleißverhalten galvanisch belegter Schleifwerkzeuge bei der Bearbeitung von Hochleistungskeramik. Dissertation RWTH Aachen, 2008

[WEIR55] Weir, E.; Shartsis, L.: Compressibility of binary alkali borate and silicate glasses at high pressures. In: Journal of American Ceramic Society, Vol: 38, 1955, pp. 299-306

9 Anhang

Annex

P-SK57
587596.301

n_d = 1,58700	ν_d = 59,60	n_F-n_C = 0,009849
n_e = 1,58935	ν_e = 59,36	$n_{F'}$-$n_{C'}$ = 0,009928

Brechzahlen		
	λ [nm]	
$n_{2325,4}$	2325,4	1,556880
$n_{1970,1}$	1970,1	1,562710
$n_{1529,6}$	1529,6	1,568850
$n_{1060,0}$	1060,0	1,575070
n_t	1014,0	1,575760
n_s	852,1	1,578620
n_r	706,5	1,582270
n_C	656,3	1,583990
$n_{C'}$	643,8	1,584470
$n_{632,8}$	632,8	1,584920
n_D	589,3	1,586910
n_d	587,6	1,587000
n_e	546,1	1,589350
n_F	486,1	1,593840
$n_{F'}$	480,0	1,594400
n_g	435,8	1,599170
n_h	404,7	1,603590
n_i	365,0	1,611120
$n_{334,1}$	334,1	1,619230
$n_{312,6}$	312,6	1,626690
$n_{296,7}$	296,7	
$n_{280,4}$	280,4	
$n_{248,3}$	248,3	

Konstanten der Dispersionsformel	
B_1	1,31053414
B_2	0,169376189
B_3	1,10987714
C_1	0,00740877235
C_2	0,0254563489
C_3	107,751087

Konstanten der Formel für dn/dT	
D_0	$2{,}60 \cdot 10^{-6}$
D_1	$9{,}40 \cdot 10^{-9}$
D_2	$-2{,}30 \cdot 10^{-11}$
E_0	$4{,}90 \cdot 10^{-7}$
E_1	$5{,}96 \cdot 10^{-10}$
λ_{TK}[µm]	0,178

Reintransmissionsgrad τ_i		
λ [nm]	τ_i(10mm)	τ_i(25mm)
2500	0,69	0,40
2325	0,83	0,63
1970	0,954	0,890
1530	0,991	0,978
1060	0,999	0,997
700	0,999	0,997
660	0,999	0,997
620	0,999	0,997
580	0,999	0,997
546	0,999	0,997
500	0,998	0,995
460	0,996	0,991
436	0,996	0,989
420	0,995	0,987
405	0,994	0,985
400	0,994	0,984
390	0,992	0,980
380	0,989	0,973
370	0,984	0,960
365	0,980	0,950
350	0,946	0,870
334	0,821	0,610
320	0,480	0,160
310	0,123	
300		
290		
280		
270		
260		
250		

Farbcode	
λ_{80}/λ_5	34/31
(*=λ_{70}/λ_5)	

Bemerkungen

Zum Blankpressen geeignet

Relative Teildispersionen	
$P_{s,t}$	0,2902
$P_{C,s}$	0,5454
$P_{d,C}$	0,3053
$P_{e,d}$	0,2385
$P_{g,F}$	0,5412
$P_{i,h}$	0,7644
$P'_{s,t}$	0,2878
$P'_{C',s}$	0,5894
$P'_{d,C'}$	0,2545
$P'_{e,d}$	0,2366
$P'_{g,F'}$	0,4806
$P'_{i,h}$	0,4583

Abweichungen rel. Teildispersionen von der "Normalgeraden"	
$\Delta P_{C,t}$	0,0079
$\Delta P_{C,s}$	0,0036
$\Delta P_{F,e}$	-0,0008
$\Delta P_{g,F}$	-0,0024
$\Delta P_{i,g}$	-0,0115

Sonstige Eigenschaften	
$\alpha_{-30/+70°C}[10^{-6}/K]$	7,2
$\alpha_{+20/+300°C}[10^{-6}/K]$	8,9
T_g[°C]	493
$T_{10}^{13,0}$[°C]	494
$T_{10}^{7,6}$[°C]	593
c_p[J/(gK)]	0,760
λ[W/(mK)]	1,010
ρ [g/cm³]	3,01
E[10³N/mm²]	93
µ	0,249
K[10^{-6}mm²/N]	2,17
$HK_{0,1/20}$	535
HG	3
B	1,00
CR	4
FR	3
SR	52.3
AR	2
PR	3

Temperaturkoeffizienten der Lichtbrechung						
	$\Delta n_{rel}/\Delta T[10^{-6}/K]$			$\Delta n_{abs}/\Delta T[10^{-6}/K]$		
[°C]	1060	e	g	1060	e	g
-40/ -20	3,0	3,7	4,2	0,9	1,5	2,0
20/ 40	2,9	3,6	4,3	1,5	2,2	2,9
60/ 80	2,9	3,7	4,4	1,8	2,6	3,3

Bild 9.1 Datenblatt von der Glassorte P-SK57 [SCHO11]

Data sheet of glass type P-SK57[SCHO11]

FSC
www.fsc.org
MIX
Papier | Fördert
gute Waldnutzung
FSC® C083411

Kolibri 360 GmbH
Ferdinand-Jühlke-Straße 7
99095 Erfurt, Deutschland
produktsicherheit@kolibri360.de